Christine Steinke-Beck

Homöopathie für Reptilien

W0469102

Ulmer

Inhalt

Vorwort ... 4

Überblick über Naturheilverfahren für Reptilien ... 5

Klassische Homöopathie ... 6
Komplexmittel ... 6
Bachblüten ... 7
Schüßler Salze ... 12

Gut zu wissen ... 15

Kauf und Aufbewahrung der Mittel ... 15
Wie wähle ich das richtige Mittel aus? ... 15
Wie erkenne ich, ob ich das richtige Mittel gefunden habe? ... 15
Können Mittel miteinander kombiniert werden? ... 16
Wie lege ich einen Umschlag an? ... 16

Allgemeines zur Haltung und Vorsorge ... 17

Beleuchtung und Temperatur ... 19
Winterruhe ... 19

Schildkröten ... 23

Ernährung und Vitamine ... 23
Ist meine Schildkröte gesund? ... 25
Verabreichung von Medikamenten ... 26
Häufige Erkrankungen von A–Z ... 26

Echsen ... 40

Ernährung und Vitamine ... 40
Ist meine Echse gesund? ... 42
Verabreichung von Medikamenten ... 43
Häufige Erkrankungen von A–Z ... 44

Schlangen ... 61

Ernährung und Vitamine ... 62
Ist meine Schlange gesund? ... 62
Verabreichung von Medikamenten ... 63
Häufige Erkrankungen von A–Z ... 63

Hausapotheke für Reptilien ... 77

Homöopathische Mittel für Reptilien von A–Z ... 79

Service ... 90

Nützliche Adressen ... 90
Bezugsquellen ... 90
Zum Weiterlesen ... 92
Register ... 93

Spezial

Spezial Nierengicht ... 86
Spezial Legenot ... 88

Vorwort

Reptilien erfreuen sich einer immer größer werdenden Beliebtheit. Allein die Anzahl an Schlangen in deutschen Haushalten wird auf etwa eine Million Tiere geschätzt. Echse, Schlange und Co. stellen sehr spezielle Anforderungen bezüglich Haltung und Pflege an ihre Besitzer. Die Tatsache, dass Reptilien diese hohen Anforderungen in Haltung und Pflege stellen, jedoch leider nicht alle Exotenbesitzer die nötigen Sachkenntnisse besitzen, um ihnen gerecht zu werden, hat dazu geführt, dass sich inzwischen immer mehr Tierarzt- und Tierheilpraxen mit kranken Reptilien konfrontiert sehen. Für alle Reptilienhalter sollte deshalb Fachliteratur über ihr Tier Pflicht sein. Fakt ist: Mehr als die Hälfte aller Erkrankungen sind auf Haltungsfehler zurückzuführen. Daher steht bei der Behandlung von Reptilien die Aufklärung und Beratung an oberster Stelle. **Dieses Buch soll den Liebhabern, Züchtern und Behandlern dieser faszinierenden Tiere vor allem bei der Vorbeugung und Vermeidung von Erkrankungen behilflich sein, ersetzt aber nicht den Gang zum reptilienkundigen Tierarzt oder Therapeuten.** Zusätzlich zu optimalen Haltungsbedingungen ermöglicht uns gerade die Homöopathie einen sehr wirkungsvollen und schonenden Weg zu gesunden Reptilien. Und was gibt es schöneres für den Terrarianer als aktive und vitale Reptilien, die den verantwortungsvollen Halter mit Gesundheit und vielleicht sogar Nachzuchten belohnen. Ich wünsche allen Reptilienbesitzern die gleichen tollen Erfahrungen mit der homöopathischen Behandlung, wie ich sie ständig privat und in der Praxis erfahren darf.

Burtenbach
Christine Steinke-Beck

Überblick über Naturheilverfahren für Reptilien

Naturheilkunde ist der Sammelbegriff für alle Heilverfahren, die bei Mensch und Tier auf natürliche Weise das Gleichgewicht zwischen Körper und Seele wieder herstellen, also bei Erkrankungen die Selbstheilungskräfte unterstützen und anregen oder die Gesundheit erhalten sollen. Teilweise sind Naturheilverfahren inzwischen auch fest in der Schulmedizin integriert wie zum Beispiel die Akupunktur.

Reptilien stellen aufgrund ihrer besonderen Anatomie und der nicht ganz einfachen Diagnostik eine große Herausforderung für jeden Therapeuten dar. Eine klassische Akupunktur beispielsweise gestaltet sich bei einer Schlange eher schwierig, während die Magnetfeldtherapie eine tolle Behandlungsmethode mit sensationellen Erfolgen ist – gerade bei diesen Tieren.

Bei Nutztieren, Pferden, Hunden und Katzen ist die Therapie mit Naturheilverfahren inzwischen fest etabliert. Die stattliche Anzahl an Fachliteratur und Ratgebern zu diesem Thema zeigt, wie groß das Interesse sowohl von Therapeuten als auch von Tierbesitzern an alternativen Therapien ist. Bei Reptilien steht die Behandlung mit Naturheilkunde erst ganz am Anfang, da schwerpunktmäßig immer noch an den Systematiken und anatomischen Besonderheiten geforscht wird. Aber zum Glück bilden sich aufgrund der steigenden Anzahl an Reptilien in Privathaushalten immer mehr Tierärzte speziell in der Reptilienmedizin fort. So sollte bald die sachgemäße Behandlung von diesen exotischen Tieren kein Problem mehr sein und somit auch das wissenschaftliche Interesse an Naturheilverfahren für diese Tierart steigen.

Im folgenden Kapitel möchte ich einige ausgewählte Naturheilverfahren vorstellen, die sich bei Reptilien bereits gut bewährt haben.

Bitte beachten

Reptilien sind wechselwarme Tiere. Nachts in der Ruhephase oder wenn die Umgebung zu kühl ist, fahren die Tiere ihren Stoffwechsel herunter. Unter anderem funktionieren dann Verdauung und Muskulatur nur auf Sparflamme.

Medikamente dürfen deshalb nur gegeben werden, wenn das Tier ausreichend aufgewärmt ist, da der Körper sonst die Wirkstoffe und Informationen nicht verwerten kann.

Klassische Homöopathie

Samuel Hahnemann ist der Begründer der klassischen Homöopathie. Er erkannte bereits im 18. Jahrhundert die heilende Wirkung bestimmter Pflanzen, Metallen, Mineralien oder auch Giften. Er fand heraus, dass eine eingenommene Substanz in einem gesunden Körper bestimmte Krankheitssymptome hervorrufen kann. Dieselbe Substanz, jedoch in verdünnter (potenzierter) Form, exakt diese Krankheitssymptome heilen kann. Hahnemann erkannte, dass die positive Wirkung sich steigert, je größer die Verdünnung ist. Als Beispiel: Apis – das Bienengift. Der Stich einer Biene verursacht bestimmte Symptome wie etwa eine Schwellung. Gibt man Apis in homöopathisch verdünnter (potenzierter) Form als Heilmittel, so wird es genau dieses Symptom heilen. Nach diesem sogenannten Ähnlichkeitsprinzip hat Hahnemann unzählige Patienten geheilt und den Weg der Homöopathie in fast alle Länder dieser Welt begründet. Diese Heilmittel werden meist in Form von Streukügelchen, sogenannte Globuli, oder auch als Pulver, Ampullen oder Tropfen verabreicht.
Um zu wissen, welches Mittel eingesetzt werden kann, ist es notwendig die Symptome eines Patienten mit dem Arzneimittelbild (gesamte Symptomenreihe, die dieses Mittel beim gesunden Organismus hervorruft) abzugleichen. Diese sogenannte Repertorisation wird von klassisch homöopathisch arbeitenden Therapeuten erarbeitet. So findet man das individuell passende Mittel. Bei chronischen oder schweren Erkrankungen mit vielen verschiedenen Symptomen wird sich also der Gang zum Tierheilpraktiker nicht umgehen lassen.

Komplexmittel

Komplexmittel setzen sich aus mehreren Einzelmitteln zusammen und decken so eine Vielzahl an Symptomen ab. Gerade für den homöopathischen Laien stellen diese Medikamente eine gute Alternative zur aufwändigeren Einzelmittelsuche dar. Klassische Homöopathen kritisieren oft diese Methode, doch gerade in der Tierbehandlung haben sich diese Mittel bestens bewährt. Ich halte es da mit der Regel: Wer heilt – hat recht.
Da wir bei unseren Reptilien nur sehr schwer die homöopathisch häufig so wichtigen Gemütssymptome wie beispielsweise Traurigkeit oder Kummer beziehungsweise Modalitäten wie beispielsweise „Verbesserung durch Käl-

te" oder „Verschlechterung durch Nässe" herausfinden können, bietet sich die Behandlung mit Komplexmitteln geradezu an. Ein weiterer Vorteil ist, dass bei den Komplexmitteln auch keine Erstreaktion, wie bei der klassischen Einzelmittel-Homöopathie möglich, hervorgerufen wird. Hinzukommt, dass bei den meisten Einzelmitteln auch noch gar nicht getestet wurde, wie sich die Wirkstoffe auf Reptilien auswirken. So ist man mit Komplexmitteln auf der sicheren Seite. In diesem Buch habe ich auch nur Einzelmittel genannt, die sich in der Praxis bereits positiv bewährt haben.
In meiner Praxis behandle ich Reptilien gerne und häufig mit Komplexmitteln, da ich die Erfahrung gemacht habe, dass gerade Echsen, Schildkröten und Schlangen auf diese Mittel extrem gut und manches mal mit einem sogar für mich unglaublich schnellen Ergebnis ansprechen.

▷ Bachblüten

Dr. Edward Bach begründete diese Therapie in den 30er-Jahren des vergangenen Jahrhunderts. Er fand heraus, dass bestimmte Blüten einen regulierenden Einfluss auf einen negativen Seelen- oder Charakterzustand bei Mensch und Tier bewirken. Diese 38 Blüten (genau genommen sind es 37 Blüten und das Wasser einer Heilquelle) werden nach der Bachmethode zu Essenzen oder, besonders für Tiere idealer, zu Globuli verarbeitet. Die Blüten können natürlich miteinander kombiniert werden, allerdings sollten nach Bach nicht mehr als sechs Blüten miteinander gegeben werden. Eine als besonders wirksam befundene Blütenmischung bei allen gefährlichen und belastenden Situationen wie Notfälle oder großer Stress ist die sogenannte First-Aid-Remedy-Mischung. Umgangssprachlich als Notfalltropfen oder einfach „Rescue Remedy Tropfen" bekannt. Diese Mischung mit der Nr. 39 hat einen schier grenzenlosen Einsatzbereich und gibt es inzwischen auch für Kleintiere und Reptilien als Globuli. Sie sollten in jeder Hausapotheke vertreten sein. Die Notfalltropfen oder -globuli können im Ernstfall alle paar Minuten gegeben werden, eine Überdosierung gibt es nicht.
Gerade Reptilien werden häufig durch Stress, also eine psychische Erschütterung, krank und reagieren mit Futterverweigerung oder Apathie auf diese Situation. Bachblüten können hier ganz schnell zu einer Regulierung führen. Echsen beispielsweise gewöhnen sich mithilfe von Bachblüten recht problemlos an ein neues Zuhause oder lassen sich ohne große Aufregung mit einem neuen Artgenossen vergesellschaften. Ideal ist eine begleitende

Bachblütentherapie natürlich bei allen Erkrankungen, damit die Tiere schnell wieder auf die Beine kommen. Bachblüten können auch begleitend zu einer Antibiotikatherapie gegeben werden.

Wichtig

Bei der Verabreichung von Bachblüten bei Reptilien sollten Sie immer auf Globuli zurückgreifen, da die Essenzen häufig Alkohol enthalten. Dieser wird von den Tieren nicht toleriert und kann sogar heftige Reaktionen auslösen.

Im Handel sind inzwischen auch für Tiere fertige Mischungen für die häufigsten Probleme erhältlich. Diese Kombinationen erleichtern dank ihrer alkoholfreien Globuliform allen Tierbesitzern die Behandlung und Unterstützung ihrer Tiere bei vielen Erkrankungen.
Ihr Therapeut oder Apotheker stellt Ihnen aber auch ganz individuelle Mischungen zusammen. Damit Sie einfach und schnell herausfinden, welche Blüten Ihr Tier benötigt, habe ich hier eine Liste mit allen Blüten und deren Indikation speziell für Reptilien zusammengestellt.

1 Agrimony	Tiere lassen sich eine Erkrankung nicht anmerken (z. B. bewegen sich trotz schwerer Verletzung), unruhiger Augenausdruck. Bei Verstopfung.
2 Aspen	Schreckhafte, sehr ängstliche Tiere – zeigen häufig sogar Angst vor Futtertieren.
3 Beech	Intolerante Tiere, die Artgenossen nicht dulden und auch den Menschen ablehnen.
4 Centaury	Gutmütige Tiere, die sich leicht unterdrücken lassen. DIE Blüte für unterdrückte Tiere in einer Gruppe.
5 Cerato	Reptilien ohne Selbstvertrauen, suchen sogar Schutz beim Menschen.
6 Cherry Plum	Aggressive, panische Tiere. Überreaktionen aus Ängstlichkeit.

7 Chestnut Bud	Nervöse und überreizte Tiere. Gutes Mittel bei jungen Chamäleons und jungen Schlangen.
8 Chicory	Übertrieben aufdringliche Tiere. Als Zusatztherapie bei Magen-Darm-Erkrankungen.
9 Clematis	Teilnahmslose Tiere, träge, schlafen viel. Bei Infektanfälligkeit.
10 Crab Apple	Tiere, die unter häufigem Parasitenbefall leiden. Gutes Schlangenmittel als Unterstützung bei allen Hautproblemen.
11 Elm	Kraftlose und erschöpfte Tiere. Eiablage, Häutungen, Vergesellschaftung: alles ist zu viel und führt zur Erschöpfung. Ideales Mittel zur Unterstützung bei anstehender Eiablage.
12 Gentian	Unsichere und misstrauische Tiere. Hilft schlechte Erfahrungen oder schlechte Haltung zu verkraften.
13 Gorse	Tiere sind apathisch, kraftlos und müde, haben sich selbst aufgegeben. Perfekt bei unterdrückten Männchen und Appetitlosigkeit.
14 Heather	Überdrehte und zu lebhafte Tiere, Männchen mit übersteigerter Dominanz.
15 Holly	Kräftige Tiere mit unkontrollierter Aggression, attackieren den Menschen ohne Grund, meist häufiger Besitzerwechsel!
16 Honeysuckle	DIE Blüte bei Besitzerwechsel. Hilft beim problemlosen Eingewöhnen an eine neue Umgebung.
17 Hornbeam	Schwäche und Erschöpfung. Ideal für Jungtiere die sich schlecht entwickeln.
18 Impatiens	Reizbare und ungeduldige Tiere, häufig aus schlechter Haltung.

19 Larch	Unterwürfige und unsichere Tiere. Verstecken sich viel und trauen sich nicht ans Futter, solange Artgenossen oder Menschen in der Nähe sind.
20 Mimulus	Tiere haben Angst vor bestimmten Situationen oder Menschen. Weibchen, die zu Legenot neigen.
21 Mustard	Depressive Tiere die sich entweder kaum bewegen, oder monotone/stereotypische Bewegungen zeigen wie ständiges im Kreis laufen. Häufig ist ein zu kleines Terrarium der Grund!!
22 Oak	Völlig erschöpfte und überforderte Tiere. Echsen, die bis zur Erschöpfung im Sand graben.
23 Olive	Kraftlose Tiere. Ideal bei alten Tieren.
24 Pine	Ängstliche und unterwürfige Tiere. Verkriechen sich, sobald Artgenossen oder Menschen in die Nähe kommen.
25 Red Chestnut	Unruhige Tiere. Weibchen die ohne Befruchtung ständig Eier legen.
26 Rock Rose	Bei allen akuten körperlichen und seelischen Paniksituationen. Ideal vor dem Besuch beim Tierarzt.
27 Rock Water	Sture und sehr angespannte Tiere. Weibchen, die ohne körperlichen Grund auffallend wenig Eier legen oder gar nicht aufnehmen.
28 Scleranthus	Unausgeglichene und unsichere Tiere. Meist häufiger Besitzerwechsel und deshalb sehr nervös.

29 Star of Bethlehem	Tröstet Tiere mit schlechten Erfahrungen, Krankheiten, Schmerzen oder Schock. Tierheimtiere! Tiere aus schlechter Haltung.
30 Sweet Chestnut	Tiere waren lange krank oder kommen aus schlechter Haltung und ziehen sich deshalb zurück. Futterweigerung und bei chronischen Krankheiten.
31 Vervain	Hyperaktive Tiere, immer in Bewegung bis zur Erschöpfung.
32 Vine	Tiere mit gesteigerter Dominanz, verletzen ihre Artgenossen, attackieren den Menschen.
33 Walnut	Unsichere Tiere. Weibchen, die das erste mal Eier legen. Boas, die zum ersten mal Junge bekommen und dadurch auffällig unruhig werden.
34 Water Violet	Unnahbare und selbstbewusste Tiere, die sich nicht anfassen lassen wollen. Reagieren auch auf Artgenossen mit Aggressivität.
35 White Chestnut	Unausgeglichene und unruhig wirkende Tiere.
36 Wild Oat	Tiere, die launisch wirken und ohne Grund aggressiv werden, attackieren ihre Artgenossen aus Langeweile.
37 Wild Rose	Apathische Tiere, verweigern Futter und Wasser. Bei alten und kranken Tieren als Unterstützung.
38 Willow	Übellaunige Tiere, meist Tierheimtiere oder aus schlechter Haltung.
39 Rescue Remedy	Notfallmischung. Hilft bei allen gefährlichen und belastenden Situationen, bei Stress und Notfällen.

Schüßler Salze

Mensch und Tier bestehen aus zwei Haupt-Körper-Bestandteilen. Das sind die organischen wie zum Beispiel Fette und Eiweiße und die anorganischen, die hauptsächlich in Wasser gelöste Mineralsalze. Dr. Wilhelm Heinrich Schüßler vertrat die Ansicht, dass Krankheiten durch ein Ungleichgewicht der im Körper vorkommenden Mineralsalze entstehen.

Die Salze sind in der Verdünnung D6 oder D12 erhältlich. Dank der biochemischen Forschung weiß man heute um die insgesamt 24 Mineralstoffe, die im Körper vorkommen, und dass einige Erkrankungen durch die Verabreichung dieser Mineralsalze in potenzierter Form geheilt oder zumindest gelindert werden können. Gerade bei Erkrankungen im Bewegungsapparat oder bei der Aufzucht von Reptilien ist die Therapie mit Schüßler Salzen eine Bereicherung. Auch Entzündungen, eitrige Prozesse oder sogar Nierenprobleme lassen sich mit Schüßler Salzen hervorragend unterstützen.

Zudem lassen sich die Schüßler-Salz-Tabletten gut in ein wenig Wasser auflösen und eingeben oder zermörsert als Pulver über das Futter verabreichen. So ist gerade bei chronischen Erkrankungen die Gabe von Schüßler Salzen über einen längeren Zeitraum auch bei Reptilien kein Problem.

Ein Tierarzneimittelhersteller hat nun sogar Schüßler Salze in flüssiger Form in seinem Sortiment. Durch den Alkoholanteil sollten diese Tropfen bei Reptilien aber nur verdünnt über das Trink- oder Sprühwasser verabreicht werden.

Praxistipp

Wenn Sie diese Tropfen pur verabreichen, dann sollten Sie die zu verabreichende Menge einfach etwa 20 Minuten offen stehen lassen, damit sich der Alkohol verflüchtigt.

Hier die Übersicht der zwölf wichtigsten Schüßler Mineralstoffe mit den Indikationen speziell für Reptilien:

1 Calcium fluoratum D12	Schwache, ängstliche Tiere mit Gelenk-Sehnen-Bänderproblemen, unterernährte Tiere, oft mit eingefallenem Bauch. Für Elastizität und Festigkeit von Knochen und Gewebe.
2 Calcium phosphoricum D6	Nervöse Tiere, schnell gewachsen, zartgliedrig. Zum Aufbau der Knochensubstanz, Wachstumsunterstützung.
3 Ferrum phosphoricum D12	Überempfindliche, erschöpfte Tiere, leicht erregbar, anfällig für Infektionskrankheiten, nach Blutverlust.
4 Kalium chloratum D6	Träge, immer hungrige und eher übergewichtige Tiere. Bei Entzündungen mit Ausfluss, zäher Schleim, Drüsenmittel.
5 Kalium phosphoricum D6	Abgemagerte, erschöpfte Tiere. Als Rekonvaleszenzmittel und Antiseptikum. Sehr hilfreich als Begleittherapie bei Lungenentzündungen.
6 Kalium sulfuricum D6	Unruhige Tiere, zur Entgiftung und Unterstützung bei chronischen Erkrankungen.
7 Magnesium phosphoricum D6	Unsichere, überempfindliche Tiere. Zur Unterstützung bei Herzerkrankungen und krampfartigen Schmerzen. Ideales Mittel für Weibchen kurz vor der Eiablage oder Geburt.

8 Natrium chloratum D6	Für erschöpfte und abgemagerte Tiere. Regulierung des Flüssigkeitshaushaltes.
9 Natrium phosphoricum D6	Übergewichtige Tiere mit geschwollenen Gliedmaßen. Zur Regulierung des Säurehaushaltes.
10 Natrium sulfuricum D6	Lebermittel! Zur Unterstützung bei Leberfunktionserkrankungen.
11 Silicea D12	Das Mittel für Jungtiere als Wachstumsunterstützung. Bei Problemen der Haut und Krallen. Bei allen Entzündungen mit Eiter.
12 Calcium sulfuricum D6	Für Tiere mit Haut- und Schleimhauterkrankungen. Als Unterstützung bei eitrigen Verletzungen z. B. Verbrennungen. Schlangenmittel. Tiere die übermäßig im Wasser liegen, weil sie Probleme mit der Haut haben. Nach Parasitenbefall.

Gut zu wissen

▷ Kauf und Aufbewahrung der Mittel

Alle in diesem Buch genannten Medikamente erhalten Sie entweder in der Apotheke oder bei Ihrem Tierarzt. Am Ende des Buches finden Sie zudem eine Aufstellung der Hersteller über die Sie die Mittel teilweise auch direkt bestellen können. Bitte bewahren Sie alle homöopathischen Mittel immer trocken, dunkel und fern von elektronischen Geräten wie etwa Mikrowelle auf.

Tipp
Im Internet und in gut sortierten Apotheken können Sie sich auch eine Taschenapotheke zusammenstellen lassen. Dabei werden von ausgewählten Mitteln jeweils 1-g-Globulifläschchen gefüllt und in einer Tasche oder Box aufbewahrt. So haben Sie das richtige Mittel in kleiner Menge immer griffbereit zur Hand.

▷ Wie wähle ich das richtige Mittel aus?

Zur Auswahl des richtigen Mittels ist es wichtig, dass Sie Ihr Tier genau beobachten und über die Art der Erkrankung Bescheid wissen. In Zweifelsfällen stellen Sie Ihr Tier beim Tierheilpraktiker oder Tierarzt vor. Beispiel Rachitis: Um zu erkennen welches der aufgeführten Mittel das richtige ist, müssen Sie wissen, ob das Tier im Anfangsstadium einer Rachitis ist oder ob bereits Knochenbrüche vorliegen.

▷ Wie erkenne ich, ob ich das richtige Mittel gefunden habe?

Wenn das richtige Mittel gefunden und verabreicht wurde, werden Sie in kürzester Zeit eine Veränderung an Ihrem Tier feststellen. Beim homöopathischen Einzelmittel, aber auch bei allen anderen Präparaten, kann es manchmal zu einer sogenannten Kurreaktion oder Erstverschlimmerung kommen. Ganz wichtig ist hier, dass Sie die Reaktion erst ausklingen lassen, bevor Sie das Präparat erneut geben. Erstverschlimmerungen sind immer nur von kurzer Dauer, eine kontinuierliche Verschlechterung des Zustands über mehrere Tage ist keine Kurreaktion und sollte immer vom Tierarzt abgeklärt werden.

Können Mittel miteinander kombiniert werden?

Geben Sie den Tieren bitte nur wenn es ausdrücklich empfohlen wird mehrere Mittel gleichzeitig. Ausnahmen sind Bachblüten. Diese können Sie jederzeit auch mit Einzelmitteln, Komplexmitteln oder Schüßler Salzen kombinieren.
Beachten Sie bitte auch, dass es einzelne Mittel sowohl als Schüßler Salz, aber auch als klassisches Einzelmittel gibt. Hier bitte nur als Schüßler Salz verabreichen, wenn es ausdrücklich genannt ist.
Wenn Sie bei der Mittelwahl unsicher sind, geben Sie bitte trotzdem niemals zwei Mittel gleichzeitig. Sollte das von Ihnen ausgewählte Mittel keine Wirkung zeigen, dann kann das andere Mittel verabreicht werden. Wichtig ist hier, dass ein Abstand von mindestens acht Stunden zwischen den verschiedenen Mitteln liegt. Berücksichtigen Sie aber, dass Reptilien als wechselwarme Tiere eine längere Reaktionszeit zeigen als beispielsweise Hunde oder Katzen.

Wie lege ich einen Umschlag an?

Ideal zur Herstellung eines Umschlages eignen sich Kompressen. Diese werden in der hergestellten Flüssigkeit oder mit dem Inhalt aus der Ampulle getränkt und dem Tier aufgelegt. Kompressen gibt es in verschiedenen Abmessungen und lassen sich ausgezeichnet auf die richtige Größe zuschneiden. Bei Schildkröten und Echsen befestigen Sie die Kompresse, falls nötig, mit einem Softpflaster oder einem selbstklebenden Tapeverband, der Umschlag sollte mindestens 30 Minuten, höchstens 60 Minuten am Tier verbleiben. Bei Schlangen legen Sie die getränkte Kompresse auf und befestigen diese mit einem selbstklebenden Tapeverband. Dazu muss der Hautbereich um die Kompresse gut trocken sein damit der Tape haftet. Hier sollte die Kompresse nach längstens 60 Minuten vorsichtig entfernt werden.

Achtung
Umschläge niemals zu lange auf der Reptilienhaut lassen. Es könnte sonst sein, dass sich die betroffene Stelle stark entzündet oder ablöst.

Allgemeines zur Haltung und Vorsorge

Zur Haltung von Reptilien gibt es inzwischen eine schier unübersichtliche Anzahl an Literatur. Auch im Internet findet sich eine unglaubliche Menge an Informationen. Viele Tierhalter sind aufgrund der massenhaften und oft widersprüchlichen Aussagen zur richtigen Haltung regelrecht überfordert und häufig verunsichert. Hier kann ich nur jedem Reptilienbesitzer den Rat geben, sich zum einen bei einem erfahrenen Tierarzt/Tierheilpraktiker, Züchter oder Halter alle Informationen geben zu lassen und sich zusätzlich ganz genau mit dem ursprünglichen Herkunftsland der Tiere auseinanderzusetzen. So stellt sich zum Beispiel die Frage nach der **richtigen Terrarieneinrichtung** erst gar nicht. Ein Beispiel: Ihr Tier ist ursprünglich in Australien beheimatet, kommt dort vor allem in trockenen Gebieten vor und gilt bei den Einheimischen als hervorragender Insektenfänger. Dieses Tier legt sicherlich keinen Wert auf eine tropische Terrarienbepflanzung inklusive Wasserfall und Beregnungsanlage, sondern wird sich ausschließlich in einem Wüstenterrarium mit viel Sonne, ein paar Felsen und vielen Insekten wohlfühlen.

Jeder der Reptilien hält, sollte sich auch über die Richtlinien und Haltungsanforderungen für sein Tier genau informieren. Diese Richtlinien erhalten Sie zum Beispiel bei der DGHT e. V. (Deutsche Gesellschaft für Herpetologie und Terrarienkunde). Die Kontaktdaten finden Sie am Ende dieses Buches unter **„Nützliche Adressen“**, Seite 90. Diese Richtlinien müssen eingehalten werden, stellen aber nur die Mindestanforderungen dar. Jeder verantwortungsvolle Reptilienhalter wird seinem Schützling aber hoffentlich deutlich mehr als die erforderlichen Mindestmaße des Terrariums zur Verfügung stellen und versuchen, das Terrarium so naturgetreu und artgerecht wie möglich zu gestalten.

Zur vorbildlichen Haltung gehört aber auch die **Vorsorge**. Regelmäßige Kontrollen beim reptilienkundigen Tierarzt oder Tierheilpraktiker gehören ebenso dazu wie beispielsweise die regelmäßige Erneuerung der Beleuchtung oder der Wechsel des Bodengrunds. Reptilien sollten mindestens einmal im Jahr einem Fachmann vorgestellt werden, der den Gesundheitszustand überprüft und eine Kotprobe auf Parasiten durchführt. Leider werden die meisten Reptilien erst dann vorgestellt, wenn sie bereits erkrankt oder bereits in so schlechtem Zustand sind, dass eine Behandlung oft nicht mehr möglich ist. Es ist doch viel effektiver und sinnvoller und vor allem für das Tier schonender, wenn zum Beispiel eine Entwurmung nach vorangegangener positiver Kotprobe einmal jährlich durchgeführt wird. Kein großes Problem für ein aktives und offensichtlich gesundes Tier. Abzuwarten bis das Tier durch Parasiten verursachte Symptome zeigt und ein bereits geschwächtes Tier dann einer Behandlung zu unterziehen, ist häufig fatal.

Wenn Sie sich für die Haltung von Reptilien entschieden haben, sollten Sie **vor** der Anschaffung ein paar Punkte bedenken:

- Unterschätzen Sie nicht die laufenden Kosten für die Tiere. Die Anschaffungskosten für das Tier sind nur ein kleiner Teil von dem, was an Kosten auf Sie zukommt. Die Ausgaben für Futter sowie die tiermedizinische Versorgung zur Vorsorge und im Krankheitsfall fallen regelmäßig an. Nicht zu vergessen die – je nachdem, welches Reptil sie pflegen möchten – deutlich erhöhte Stromrechnung durch das Terrarium. Bei Wüstenterrarien erhöhen sich Ihre monatlichen Fixkosten spürbar.
- Wenn Sie zur Miete wohnen und in Ihrem Mietvertrag steht, dass Sie keine Tiere halten dürfen, dann sind Tiere, die in Käfigen und Terrarien leben, normalerweise von dieser Klausel ausgeschlossen. Wenn sich jedoch Ihre Nachbarn über den Geruch oder entlaufene Futtertiere beschweren, könnten sich wohnrechtliche Probleme ergeben, die im schlimmsten Fall zur Abgabe des Tieres oder der Kündigung Ihres Mietvertrags führen. Besprechen Sie also Ihre Pläne mit Ihrem Vermieter und den Nachbarn.
- Informieren Sie sich vorher über rechtliche Pflichten. In manchen Bundesländern ist die Haltung bestimmter ungiftiger und ungefährlicher Reptilien trotzdem meldepflichtig. Bei allen sogenannten gefährlichen Reptilien benötigen Sie ohnehin eine Genehmigung.
- Machen Sie sich bereits vor der Anschaffung Gedanken über eine Urlaubsvertretung oder wer Ihr Tier versorgt, wenn Sie einmal krank werden. Es ist nicht jedermanns Sache, lebende Insekten zu verfüttern.
- Informieren Sie sich, ob ein reptilienkundiger Tierarzt oder Therapeut in Ihrer Nähe ist. Eine Auswahl an Fachärzten finden Sie auf der Homepage des DGHT.

Beleuchtung und Temperatur

Die richtige Beleuchtung ist ein großes Thema in der Haltung von Reptilien. Leider vegetieren viele Tiere in ihren Terrarien vor sich hin, weil sie zu dunkel, zu kühl oder mit zu geringem UV-Licht gehalten werden. Ein Mangel an UV-Licht führt gerade bei Schildkröten und vielen wüstenbewohnenden Echsen zu schweren Erkrankungen wie etwa Rachitis. Ohne ausreichendes Licht und Wärme können wichtige Stoffwechselaktivitäten nicht funktionieren. Erste Anzeichen für UV-Mangel können mangelnder Appetit oder auffallend inaktive Tiere sein.

Praxistipp
Wenn die Tiere tagsüber häufig die Augen schließen oder sich so gut wie gar nicht bewegen, sollte immer eine Überprüfung der Temperatur und eine Optimierung der Lichtverhältnisse vorgenommen werden.

Werden Reptilien zu kühl gehalten, haben sie im günstigsten Fall „nur" Probleme mit der Verdauung oder schlechten Appetit, im schlimmsten Fall führt dies zu schweren Atemwegserkrankungen.
Da leider viele UV-Lampen nicht halten was sie versprechen oder die UV-Ausbeute bereits ab einem Abstand von 20 cm nicht mehr messbar ist, empfiehlt sich die Beratung durch einen Fachmann, welche Beleuchtung für welches Tier ideal ist. Auch macht die Anschaffung eines UV-Messgerätes für Terrarien Sinn, da sich damit die bestehenden Leuchtmittel immer wieder überprüfen lassen und das rechtzeitige Auswechseln ermöglichen. Zur Kontrolle der Temperatur und Luftfeuchtigkeit gehört in jedes Terrarium ein Thermo-/Hydrometer. Auf Reptilienbörsen findet man immer mehr Zubehörstände, die sich unter anderem auf die Terrarienbeleuchtung spezialisiert haben. Hier und im gut sortierten Fachhandel erhält jeder Terrarianer meist eine qualifizierte Beratung. In guten Fachbüchern über Reptilien findet sich ein Kapitel über die richtige Beleuchtung und Temperatur. Im Idealfall empfiehlt aber bereits der Züchter die optimale Beleuchtung.

Winterruhe

Ein zweites großes Thema ist die Winterruhe. Auch hier möchte ich ein paar Hinweise geben. Tiere, die in ihrem natürlichen Habitat eine Winterruhe oder sogar einen Winterschlaf halten, sollten dies auch in menschlicher Obhut tun. Die Winterruhe ist dann zur Gesunderhaltung und häufig auch zur Zucht unerlässlich. Wichtig ist die Einhaltung einiger Grundregeln. Die Tiere sollten immer einige Wochen vor der Winterruhe vom Tierarzt/Therapeuten durchgecheckt und der Kot auf Parasiten untersucht und gegebenenfalls entwurmt werden. Zu kleine Tiere, Tiere mit Untergewicht und natürlich kranke Tiere werden nicht in die Winterruhe geschickt.

Ganz fatal ist es, wenn trächtige Tiere Winterruhe halten sollen. Ein gründlicher Check-up ist also unerlässlich. Sind die Tiere dann entwurmt und offensichtlich bei bester Gesundheit kann tierartspezifisch mit dem langsamen reduzieren der Beleuchtung und Fütterung begonnen werden. Bevor die Beleuchtung komplett abgeschaltet wird, sollte kein Futter mehr verabreicht werden und der Darm leer sein. Ein Bad erleichtert die Entleerung des Darmes.

Die Tiere müssen bei ausreichend niedrigen, aber nicht zu kalten Temperaturen überwintert werden. Dies variiert von Tierart zu Tierart. Schildkröten beispielsweise überwintern ideal im Kühlschrank, Bartagamen können im Terrarium bleiben, wenn die Temperatur im Raum nicht zu hoch ist und das Terrarium abgedunkelt wird.

Während der Winterruhe muss einigen Tierarten Wasser angeboten werden. Häufig rufen mich Reptilienbesitzer an und sind ganz entsetzt, weil ihr Tier plötzlich nicht mehr frisst und sich im Terrarium eingegraben hat. Hier kann ich nur jedem Terrarianer empfehlen, sich spätestens Ende des Sommers mit den Anforderungen seines Tieres auseinanderzusetzen und alle wichtigen Vorbereitungen wie Gesundheitscheck und Entwurmung rechtzeitig zu veranlassen.

Nicht zu vergessen ist auch, dass die meisten Tiere nach der Winterruhe in die Paarungszeit gehen. Dafür benötigen sowohl Männchen als auch Weibchen eine gute Konstitution und ausreichend Energie. Während der Aufwachphase und natürlich auch die ersten Tage nach dem Beenden der Ruhe sollten die Tiere gut beobachtet und festgestellt werden, ob sie gesund sind. Häufig werden Tiere zu kühl oder zu warm überwintert und starten dann schon mit einer Lungenentzündung oder deutlicher Abmagerung in den Frühling. Deshalb sollten die Tiere unbedingt auch während des Winters regelmäßig gewogen werden. Gesunde Tiere verlieren während dieser Zeit kaum Gewicht.

Merkblatt: Winterruhe Bartagamen

Vor der Winterruhe muss der Gesundheitszustand der Tiere anhand einer Kotprobe vom Tierarzt überprüft werden. Es muss auch kontrolliert werden, ob die Tiere über genügend Fettreserven verfügen (Fettreserven werden an der Schwanzwurzel „eingelagert“). Tiere, die nur geringe Fettreserven haben, sollten einige Zeit vor der Winterruhe extra Rationen erhalten.

Es dürfen nur Tiere in die Winterruhe, denen einen unbedenklichen Gesundheitszustand bescheinigt wurde, da die Tiere während der Winterruhe anfälliger auf Parasiten sind.

Zwei Wochen vor Beginn der Winterruhe werden die Bartagamen nicht mehr gefüttert, man sollte sie auch baden, damit sie ihren Darm vollständig entleeren. Es ist ganz wichtig, dass Bartagamen nur mit einem leeren Darm in die Winterruhe geschickt werden! Am besten beginnt man mit der Winterruhe, wenn es auch in unseren Breiten kühler wird.

Um die Winterruhe einzuleiten, reduziert man die Beleuchtungsdauer, beginnend zwei Wochen vor der Winterruhe, täglich um eine Stunde. Ebenso reduziert man die Wärme im Terrarium, aber längerfristig nicht unter 15 Grad und kurzfristig nicht unter 5–10 Grad, um keine gesundheitliche Schädigungen zu verursachen.

Während der Winterruhe bietet man den Bartagamen lediglich frisches Wasser an. **Fütterung ist strengstens untersagt**. Ebenso ist es wichtig, dass die Bartagamen ihre Ruhe haben. Man kann während dieser Zeit die Terrarien mit einem Sichtschutz verdecken.

Von Zeit zu Zeit sollte man den Gesundheitszustand der Tiere überprüfen. Bartagamen dürfen während der Winterruhe nicht zu viel an Gewicht verlieren. Sollte dies der Fall sein, kann die Temperatur zu hoch sein oder es besteht ein Parasitenbefall. Bei solchen Anzeichen sollte man dringend die Winterruhe abbrechen und einen Tierarzt aufsuchen. Die Dauer der Winterruhe beträgt 2–3 Monate, **mindestens jedoch 6 Wochen**. Während der Winterruhe bewegen sich die Bartagamen kaum.

Zum Ende der Winterruhe schaltet man zwei Wochen lang in umgekehrter Reihenfolge die Beleuchtung wieder ein (täglich eine Stunde). Manche Tiere „dösen“ noch weitere Tage bis sie wieder in ihren normalen Rhythmus finden. In den ersten Tagen bietet man täglich frischen Salat beziehungsweise pflanzliche Kost an, später erst wieder Insekten. Bartagamen, die eine Winterruhe gehalten haben, sind während des Jahres wesentlich aktiver und auch nicht so anfällig. Für gesunde, natürlich gehaltene Pfleglinge, ist eine Winterruhe unverzichtbar, um den Tieren ein natürliches Klima zu bieten.

Nach der Winterruhe beginnen gleich die Paarungen. Bartagamen, die keine Winterruhe halten, sind auch in Sachen Paarung nicht so aktiv.

Praxistipp

Empfehlenswert ist es, den Tieren sowohl vorher als auch nach dem Winterschlaf eine Immunaufbaukur zu verabreichen. Bewährt hat sich hier eine Kombination aus Traumeel und Engystol. Beide Präparate werden in der Vorbereitungszeit und nach dem Aufwachen für jeweils drei Tage als zerkleinerte Tabletten oder flüssig als Ampulle über das Futter gegeben. Bei Schlangen wird je nach Größe des Tieres jeweils 1–5 ml einer Ampulle in das tote Futtertier appliziert. Wichtig ist hier die Verabreichung über ein totes Futtertier, da wir ja nicht das Futter therapieren wollen.

Ich habe für meine Patientenbesitzer ein kleines Merkblatt zum Thema Winterruhe speziell für Bartagamen erstellt, siehe dazu Seite 21. Schön wäre es, wenn die Züchter von Winterruhe haltenden Reptilien sich die kleine Mühe machten, ebenso ein Merkblatt mit den wichtigsten Informationen zu erstellen und allen neuen Besitzern gleich mitgeben würden.

Schildkröten

Schildkröten gehören zu den urtümlichsten Geschöpfen dieser Welt. Seit über 200 Millionen Jahren behaupten sich diese Tiere nahezu unverändert auf der Erde. Als Haustiere erfreuen sie sich seit Jahren großer Beliebtheit und leider werden die Haltungsanforderungen meist unterschätzt. Zahlreiche Schildkröten werden in viel zu beengten Platzverhältnissen gehalten und obendrein noch gefüttert wie Mastschweine. Daraus ergeben sich zahlreiche und schwerwiegende Erkrankungen. Wer sich beispielsweise eine Landschildkröte anschaffen möchte, sollte im Vorfeld abklären, ob er genügend Platz in seinem Garten für eine artgerechte Freilandhaltung hat. Ein Terrarium im Wohnzimmer gehört sicher nicht zur artgerechten Haltung einer Landschildkröte!

▷ Ernährung und Vitamine

Bei einer optimalen Haltung mit ausgewogener Ernährung, ist die zusätzliche Fütterung von Vitaminpräparaten völlig überflüssig. In der Sprechstunde findet man deutlich mehr Tiere, die durch zu hohe Vitamingaben geschädigt wurden als Tiere mit Vitaminmangel! Beispielsweise äußert sich zu viel Vitamin D in Deformationen und Knochenerweichung. Viel hilft bekanntlich nicht viel, aber leider stehen bei einigen Terrarianern mehr Vitaminpräparate als Fachliteratur im Regal. Fakt ist: Ein Vitaminpulver ersetzt weder die richtige Beleuchtung noch die ausreichende Bewegung und erst recht nicht eine ausgewogene Ernährung. Auch sollte es eigentlich völlig logisch sein, dass Katzenfutter keine optimale Ernährung für Schildkröten sein kann und doch werden zahlreiche Tiere genau damit versorgt.
Wie schon oben angeregt, sollte jeder Schildkrötenbesitzer sich so viel Informationen wie nur möglich über seine Schützlinge aneignen. Dann entstehen viele Erkrankungen erst gar nicht. Also lassen Sie sich vor der Anschaffung von Vitaminpräparaten durch einen Tierarzt oder Therapeuten beraten.

▷ Ernährung der Landschildkröten

Nicht alles was Ihre Schildkröte gerne annimmt, ist auch für sie geeignet. Fleisch und Kohlenhydrate in Form von Müsli oder Teigwaren sind **kein** geeignetes Futter. Das im Handel angebotene Trockenfutter für Schildkröten ist ebenfalls ungeeignet. Dies kann durch seinen hohen Eiweißgehalt gerade bei der Aufzucht von Jungtieren zu irreparablen Wachstumsstörungen führen.

Das **Hauptfutter** sollte aus folgenden Komponenten bestehen:

- Löwenzahn
- Feldsalat
- Spinat
- Endiviensalat
- Spitzwegerich
- Kräuter aller Art
- Heu (beim Jungtier gegebenenfalls klein geschnitten)

Als Aufwertung des Futters und als „Leckerli" gelten:

- Königskerzenblüten
- Winde
- Gänseblümchen
- verschiedene Distelarten
- Malvenblüten
- Blütenmischungen

Zur Stärkung des Kiefers sollte Sepiaschale nicht fehlen. Auf Obst sollte gänzlich verzichtet werden, da es durch den Gärvorgang die Darmflora nachhaltig schädigen und so zu Durchfallerkrankungen führen kann. Obst wird im natürlichen Lebensraum auch eher zufällig gefunden und gehört nicht zum natürlichen Futterangebot.
Wasser sollte stets ausreichend zur Verfügung stehen. Beachten Sie aber bitte, dass die meisten Schildkröten nur badend trinken und dabei gerne ihren Kot absetzen. Das Trinkgefäß muss also ausreichend groß sein und vor allem regelmäßig gereinigt werden.

▷ Ernährung der Sumpf- und Wasserschildkröten

Bei Wasserschildkröten muss der Speiseplan so vielfältig und reichhaltig sein wie nur möglich. Als Futter eignen sich besonders:

- Schnecken
- Insekten
- Larven
- Würmer
- Muscheln
- Fisch
- getrocknete Bachflohkrebse
- Kellerasseln

- Garnelen
- Heuschrecken
- Grillen
- Schaben
- pflanzliche Kost (zum Beispiel Kräuter)

Da die Schildkröten in der Natur die meiste Zeit mit Nahrungssuche verbringen ist es ratsam, das Futterangebot so zu verabreichen, dass die Tiere sich über einen längeren Zeitraum damit beschäftigen müssen. So fördert man die Bewegung und beugt einer Verfettung vor. Ideal ist, das Futter auf mehrere Stellen im Gehege zu verteilen und die Tiere öfters am Tag zu füttern.

▷ Ist meine Schildkröte gesund?

Gesunde Tiere sind neugierig, aktiv und zeigen eine große Bewegungsfreude. Ihr Tageablauf ist gut strukturiert und sie haben auch ganz individuelle Fressgewohnheiten. Anhand der Checkliste können Sie regelmäßig überprüfen, ob Ihr Tier gesund ist. Abweichungen stellen immer einen Hinweis auf eine Erkrankung dar!

- **Panzer**: Hart, trocken, keine Rötungen (auch Bauchpanzer kontrollieren). Die Hornschilde sind kompakt, zeigen eine klare Kontur und geben auf Druck nicht nach.
- **Haut**: Bei Wasserschildkröten lederartig, bei Landschildkröten trocken.
- **Augen**: Die Augen sind wie kleine Stecknadelköpfchen, offen und klar. Die Lidränder sind schmal und mit deutlicher Kontur. Eingefallene Augen sind ein deutliches Warnzeichen!
- **Nasenlöcher**: Offen und trocken.
- **Maul**: Rosa Zunge, saubere Kieferwinkel, Schnabel gut abgewetzt, vollständiger Verschluss des Mauls ist möglich.
- **Gliedmaßen**: Gesunde Tiere laufen hochbeinig und halten den Panzer parallel zum Untergrund. Die Krallen sind abgewetzt. Wasserschildkröten schwimmen waagrecht – Schieflage im Wasser deutet immer auf Lungenprobleme hin.
- **Kloake**: Verschlossen und ohne Kotspuren.

Eine Kotprobe sollte mindestens einmal jährlich zur Untersuchung gebracht werden. Ideal im Spätsommer, damit ausreichend Zeit bleibt, um die Tiere gegebenenfalls vor der Winterruhe zu behandeln. Ein Gesundheitscheck durch einen Fachmann sollte in dieser Zeit ebenfalls erfolgen, um sicher zu gehen, dass nur gesunde Tiere in den Winterschlaf gehen.

▷ Verabreichung von Medikamenten

Das Tier muss bei der Verabreichung von Medikamenten immer gut aufgewärmt sein! Das Eingeben von homöopathischen Arzneimitteln ist bei Schildkröten nicht sehr kompliziert.
Globuli oder Tabletten können Sie zerkleinern und über das Futter streuen. Viele Tiere nehmen gerade Globuli sogar ganz gezielt auf und picken die kleinen Kügelchen aus der Futterschale. Sind mehrere Tiere im Gehege, müssen die Medikamente gezielt eingegeben werden, damit auch wirklich nur das kranke Tier behandelt wird.
Bei flüssigen Medikamenten ist die Verabreichung über das Wasser am sinnvollsten. Das tägliche Bad einfach mit dem Medikament anreichern, das Tier nimmt es dann problemlos beim Trinken auf. Auch hier bei vergesellschafteten Tieren das erkrankte Tier bitte separat trinken lassen. Bei **Sumpfschildkröten** verabreichen Sie die Medikamente immer mit dem Lieblingsfutter: Zum Beispiel wird eine Garnele mit der zerkleinerten Tablette oder den Globuli „paniert".
Die Eingabe von Arzneimitteln über Magensonde oder Injektion sollte dem Fachmann vorbehalten sein.

▷ Häufige Erkrankungen von A–Z

Die unten aufgeführten Erkrankungen stellen nur ein Bruchteil von den gesundheitlichen Problemen dar, die eine Schildkröte bekommen kann. Angesprochen werden in diesem Buch nur die Krankheiten, die auch vom Halter selbst behandelt oder unterstützend begleitet werden können.

Dosierung
(Sofern nicht anders angegeben)
Globuli: 1–3x täglich 5 Globuli
Tabletten: 1–2x täglich ½ Tablette
Tropfen: 1–2x täglich 10 Tropfen

Bitte beachten: Der in den Tropfen enthaltene Alkohol ist für die Tiere schädlich, besser also zu Globuli und Tabletten greifen.
Bei akuten Erkrankungen empfiehlt sich eine stündliche Gabe, bis eine sichtbare Besserung eingetreten ist. Die Dauer der Behandlung richtet sich nach der Art der Erkrankung. Bei akuten Fällen sind 2–3 Tage ausreichend, bei chronischen Störungen kann eine Medikamentengabe über mehrere Monate angezeigt sein.

Wichtig
Erst die Diagnose, dann die Therapie. Bei Unsicherheiten wenden Sie sich an Ihren Therapeuten.

Abmagerung

Immer erst beim Therapeuten/Tierarzt die Ursache abklären lassen.

Gewichtsverlust nach Entwurmung oder sonstiger Medikamentengabe. Wenn schlechtes Futter aufgenommen wurde.	Okoubaka D12 für 2 Tage
Trotz gutem Appetit.	Calcium sulfuratum D6 als Schüßler Salz
Abmagerung nach schwerer Krankheit, Folge von Wurmbefall, sehr schwaches Tier.	China C30
Abmagerung durch Stress oder Kummer.	Bachblüten Olive + Wild Rose
Zur Regulierung des Magen-Darm-Traktes bei Verdauungsstörungen.	Nux vomica D12

Praxistipp
Verabreichen Sie dem Tier zur Anregung der Futteraufnahme und bei gestörter Darmflora: DarmReptin von cdVet.

Abszess (Eiterungen)

Das Mittel bei akuten Abszessen mit Eiterbildung und Schmerzhaftigkeit. Bringt den Eiter zum abfließen.	Hepar sulfuris D30
Das „homöopathische Messer", wenn Hepar sulfuris Unterstützung braucht. Öffnet den Abszess und erspart häufig eine Operation.	Myristica sebifera C30
Akute Entzündung mit Eiter.	Silicea als Schüßler Salz, auch äußerlich als Salbe
Zur Austreibung von Fremdkörpern, fördert die Heilung.	Silicea C30, äußerlich als Salbe
Unterstützende Therapie, auch vor und nach Operationen. In flüssiger Form äußerlich oder zum Spülen.	Traumeel Tabletten 2–3x täglich
Zur äußerlichen Unterstützung der Heilung.	Wund-Ex forte

Wichtig

Bitte denken Sie immer daran, dass Abszesse enorme Schmerzen verursachen können. Eine angemessene Schmerzbehandlung durch den Tierarzt ist also Pflicht!!

Atemwegserkrankungen

Bei **allen Atemwegserkrankungen** ist eine **Diagnostik durch den Tierarzt/Therapeuten** unerlässlich, da es sich häufig um schwere Erkrankungen wie eine Lungenentzündung oder Herpes handelt, die dann auch konventionell behandelt werden müssen.
Als Begleittherapie:

Zur Abwehrsteigerung.	Echinacea compositum
Zur Unterstützung bei Erkältungskrankheiten und Infektionen.	Engystol ad us. vet.
Unterstützung der Atemwegsfunktion.	Bronchial Reptin
Als Begleittherapie zur Genesung oder bei großer Erschöpfung.	Bachblüten-Mischung Nr. 5 von Canina

Praxistipp
Verabreichen Sie nach einer Antibiotikatherapie für einige Tage Bird BeneBac oder DarmReptin, um die natürliche Darmflora und somit ein funktionierendes Immunsystem wieder herzustellen.

Augenentzündung

Augenentzündungen lassen sich im Anfangsstadium sehr gut homöopathisch behandeln. Vorher sollten Sie unbedingt das Auge auf **Verletzungen oder Fremdkörper** untersuchen. Eine Augenentzündung kann auch im Zusammenhang mit einer anderen Grunderkrankung auftreten. Das Tier deshalb auf Krankheitszeichen eines **gestörten Allgemeinbefindens** wie etwa Apathie, Atemgeräusche untersuchen. Sollten die **Augenlider deutlich verdickt** sein, so handelt es sich meist nicht um eine Augenentzündung, sondern um einen Mangel an Vitamin A. Bei den genannten Fällen müssen diese Tiere einem **reptilienkundigen Therapeuten** vorgestellt werden.

Bei allen Entzündungen der Augen, unterstützt die Heilung.	Euphrasia C30
Wenn das Auge geschwollen ist, bei allergischen Reaktionen.	Apis C30
Nach Operationen am Auge, fördert die Heilung.	Staphisagria C30
Augentropfen, wenn die Entzündung akut ist.	Euphrasia Augentropfen
Augentropfen, wenn die Entzündung chronisch ist oder häufig wiederkommt.	Oculoheel Augentropfen für Tiere

Praxistipp

Behandeln Sie das Tier immer sowohl innerlich mit Globuli als auch lokal mit Augentropfen. Sollte die Entzündung nach 3 Tagen nicht deutlich besser sein, bitte einen Fachmann aufsuchen.

Durchfall

Durchfall kann eine Vielzahl von Ursachen haben. **Wichtig für die Behandlung ist, dass Sie die Ursache kennen.** Als Auslöser für Durchfall kommen infrage: verdorbenes Futter, falsches Futter (beispielsweise Katzenfutter), Medikamente wie Antibiotika, Schmerzmittel oder Wurmmittel, Stress, Angst oder Würmer. Bei Schildkröten in Freilandhaltung muss auch immer an toxische Komponenten wie zum Beispiel Düngemittel oder Unkrautvernichter gedacht werden.

Wichtig

Dauert der Durchfall länger als drei Tage, verweigert das Tier jedes Futter und Wasser oder macht einen deutlich kranken Eindruck, sollten Sie sofort einen Tierarzt oder Tierheilpraktiker aufsuchen.

Bei Aufnahme von verdorbenem Futter. Bestes Mittel bei Vergiftungen durch Pestizide, Insektizide und Düngemittel.	Okoubaka C30
Bei häufigem Durchfall, hellbraune bis gelbliche Farbe.	Nux vomica C30
Bei Durchfall als Folge von Medikamenten wie Antibiotika oder Schmerzmittel.	Sulfur C30

Zusätzlich zur homöopathischen Therapie:

Bei gestörtem Allgemeinbefinden und zur Anregung der Futteraufnahme.	DarmReptin
Bei gestörter Darmflora, nach Medikamentengabe.	Bird Bene-Bac

Ektoparasiten

Ektoparasiten sind äußerliche Parasiten wie beispielsweise Milben oder Zecken. Gerade Tiere in der Freilandhaltung ziehen sich immer mal wieder Ektoparasiten zu. Hauptsächlich befallen ist die Kloakenregion. Aber auch Terrarientiere können durch Einschleppung an einem Milbenbefall leiden. Neben der Behandlung ist ein Höchstmaß an Hygiene extrem wichtig. Bei **starkem Befall** sollte auf jeden Fall ein geeigneter **Therapeut** aufgesucht werden.

Praxistipp

Parallel zur Behandlung des Tieres sollte auch immer daran gedacht werden, die Umgebung parasitenfrei zu bekommen. Es bringt nichts, ein Tier gegen Milben zu behandeln und dieses dann wieder in das befallene Terrarium zu setzen.

Bei Hautauschlägen als Folge von Insektenstichen, Knötchen oder Schuppenbildung.	Ledum C30
Zur Vorbeugung vor Zeckenbefall bei Schildkröten im Freiland.	Ledum C200 alle 14 Tage
Äußerlich zur Reinigung und Entfernung von Milben.	Milben-Ex
Bei Entzündungen oder gereizter Haut durch Parasiten.	Lebertransalbe oder Reptin Hautspray

Endoparasiten

siehe: Parasitenbefall/Würmer

Häutungsprobleme

Bei optimaler Haltung und einem gesunden Tier wird man kaum mit Häutungsproblemen konfrontiert werden.
Als Therapie steht daher die Optimierung der Haltung im Vordergrund. Bei **auffallend häufigen Häutungen** oder **anhaltenden Häutungsproblemen** sollte das Tier unbedingt einem **reptilienkundigen Therapeuten** vorgestellt werden, da dann meist eine Stoffwechselstörung oder Erkrankung vorliegt.

Wichtig
Auch eine Überversorgung mit Vitaminen ruft Häutungsprobleme hervor!

Erste Hilfe bei Häutungsproblemen!	Warmes Bad mit ein paar Tropfen Aloe vera
Zur Behandlung der Haut bei Häutungsproblemen nach Verletzungen, als Häutungsunterstützung.	Pflegeöl von cdVet zur äußerlichen Anwendung.

Legenot

Gelegentlich kommt es bei Schildkröten zur Legenot. Häufig wird diese schlichtweg zu spät erkannt und es kommt, wenn überhaupt, nur noch eine operative Entfernung des Geleges infrage. **Wichtig ist hier die Vorbeugung.** Stellen Sie sicher, dass ein geeigneter, ideal temperierter und befeuchteter Ablageplatz vorhanden ist. Häufig entsteht eine Legenot nur deshalb, weil die Weibchen keinen idealen Ablageplatz für ihre Eier finden können. Beobachten Sie das Weibchen (bei vergesellschafteten Schildkröten) während der Probegrabungen, ob es von den anderen Tieren im Terrarium/Freilandgehege gestört wird. Im Idealfall setzen Sie das Weibchen in ein separates Becken oder Gehege. Da die Eier kurz vor der Ablage dem Körper des Weibchens eine große Menge Wasser entziehen, ist es unbedingt notwendig die Tiere ausreichend zu tränken. Meist wird mehrere Tage vor der Ablage keine Nahrung mehr angenommen und so kann die notwendige Flüssigkeit nur über gezielte Wassergabe aufgenommen werden.

Wichtig

Bei dem Verdacht auf Legenot suchen Sie bitte unbedingt einen Tierarzt auf. Eine unbehandelte Legenot endet für das Tier tödlich.

Symptome einer Legenot können sein:

- Apathie
- Eingefallene Augen
- Sichtbares erfolgloses Pressen
- Atemnot
- Blutig-schleimig verklebte Kloake

Unterstützende und vorsorgende Therapien:

Als Unterstützung, gegen den Stress.	Bachblüten Notfallglobuli
Zur Stärkung vor der Geburt.	Schüßler Salze Calcium fluoratum und Calcium phosphoricum

Kurz vor der Geburt für eine gute Wehentätigkeit.	Schüßler Salze Magnesium phosphoricum
Während der Eiablage bei sichtbarer Wehenschwäche – und nur dann, da eine Störung während der Eiablage auch zu einer Legenot führen kann!	Caulophyllum thalictroides D6 – 5 Globuli in etwas Wasser auflösen und ohne Zwang ins Maul träufeln.
Nach der Eiablage zum Aufbau des Immunsystems.	Jeweils 1 Tablette Traumeel und 1 Tablette Engystol in Wasser aufgelöst verabreichen.

Praxistipp

Das Weibchen benötigt für die Eiablage vermehrt Kalzium und Magnesium. Hier bietet es sich an, wenn man das verabreichte Wasser mit Schüßler Salzen Calcium fluoratum D6 und Magnesium phosphoricum D6 etwas aufwertet. Dazu einfach jeweils 4 Tabletten in einem halben Liter Wasser auflösen und anbieten.

Lungenentzündung

siehe: Atemwegserkrankungen

Nierenprobleme

Nierenerkrankungen sind gerade bei **Landschildkröten** leider sehr häufig anzutreffen.

Alle Erkrankungen der Niere gehören in die Hände des **Tierarztes** – eine begleitende homöopathische Therapie ist sehr hilfreich. Häufig können die Tiere sogar von ihren Dauermedikamenten abgesetzt werden.

Auslöser einer Nierenkrankung ist in vielen Fällen eine falsche, zu eiweißreiche Fütterung (Hunde- oder Katzenfutter, Hackfleisch, Fertigfutter).

Symptome sind meist:

- Appetitlosigkeit
- Verlust von Panzerplatten
- Ödembildung an den Augenlidern
- Ödembildung an den Gliedmaßen
- Atemnot
- Probleme an den Hinterbeinen (Gicht)

Wichtig
Eine klinische Diagnostik ist bei all diesen Symptomen unumgänglich. Ebenso die Optimierung der Ernährung. Auch die regelmäßige Kontrolle der Nierenwerte durch den Tierarzt ist unerlässlich. Alle Therapien sind Langzeittherapien und müssen häufig ein Leben lang gegeben werden.

Als Begleittherapie:

Basisbehandlung bei bestehender Niereninsuffizienz.	Solidago compositum + Ubichinon compositum + Coenzyme ad us. vet. compositum. Anfangs täglich jeweils 5 Tropfen, später nur noch alle 2–3 Tage. Auf ausreichend Flüssigkeitsaufnahme achten!
Bei akuten und schweren Nierenproblemen.	Arsenicum album-Injeel, 1 x täglich 1 ml
Begleittherapie bei bestehender Gicht.	Mischung aus Mucosa compositum, Colchicum-Injeel, Traumeel ad us. vet. Ampullen und Populus similaplex. Von dieser Mischung 1x täglich 5 Tropfen im Wechsel mit Solidago compositum.
Als Vorbeugung, wenn Tiere falsch ernährt wurden.	Berberis-Homaccord + Cantharis compositum + Coenzyme compositum + Engystol als Mischung 1x wöchentlich 10 Tropfen auf 10 ml Trinkwasser geben.

Parasiten/Wurmbefall

Obwohl es inzwischen geeignete Untersuchungsverfahren und Behandlungsmöglichkeiten gibt, gehört der Befall mit Parasiten immer noch zu den häufigsten Todesursachen. Hier ist jeder Reptilienbesitzer in der Pflicht, seine Schützlinge regelmäßig auf Parasiten untersuchen zu lassen. Ideal ist es, einmal jährlich den Kot drei Tage zu sammeln und vom Therapeuten/Tierarzt ins Labor schicken zu lassen. Ganz wichtig ist eine genaue Analyse der Parasiten, da nicht alle geeigneten Medikamente bei allen Parasiten wirksam sind. Es ist absolut unsinnig und für die Tiere sicherlich nicht optimal, wenn pauschal ein x-beliebiges Präparat verabreicht wird ohne zu wissen, ob ein Befall vorliegt und falls ja, welche Parasiten es denn sind. Die naturheilkundliche Therapie bei Parasitenbefall hat hier ihren Schwerpunkt auf der Vorsorge und Nachbehandlung.

Wichtig

Ein gesundes Immunsystem und ein stabiles Darmmilieu lassen einen starken Befall mit Parasiten selten auftreten. Die Einhaltung einer peinlichen Hygiene ist ein Muss, um eine etwaige Parasitenbelastung nicht noch zu verstärken und einer Reinfektionen vorzubeugen.

Zur Vorbeugung und Darmstabilisierung nach einer Entwurmung.	DarmReptin
Bei Jungtieren, zur Stärkung des Darmmilieus. Sowohl als Vorsorge als auch nach einer Entwurmung geeignet.	Calcium carbonicum als Schüßler Salz
Zur Sanierung des Darmmilieus nach Entwurmung, Durchfall nach Entwurmung.	Bird Bene-Bac
Abmagerung und Entwicklungsstörungen durch Parasiten, Sanierung des Darmmilieus.	Abrotanum D12 Globuli

Unterstützend zur spezifischen Behandlung bei Kokzidien.	Nux vomica D30 2x täglich 5 Globuli
Bei Bandwurmbefall.	China logoplex Tropfen

Praxistipp
In das Labor von Herrn Dr. Mutschmann in Berlin (Exomed – Kontaktdaten finden Sie unter „Nützliche Adressen", Seite 90) können Sie die Kotproben auch selbst einsenden. Sie erhalten dann den Befund einschließlich eines Therapievorschlags per Post und können mit diesem zu Ihrem Therapeuten/Tierarzt gehen.

Rachitis

Eine Rachitis betrifft vor allem Tiere, die sich noch im Wachstum befinden. Ursache hier ist ein ausgeprägter Mangel an Vitamin A und Vitamin D durch falsche Ernährung und Haltungsfehler. Vor allem das Fehlen von ausreichend UV-Licht führt zu dieser schweren Erkrankung. Leider erkennen viele Halter die Zeichen einer Rachitis zu spät und so werden die Tiere erst in der Praxis vorgestellt, wenn der Panzer komplett weich und die Tiere zunehmend inaktiv werden. Oft nehmen die Tiere keine Nahrung mehr zu sich, da der weiche Kiefer Beschwerden beim Fressen verursacht. Die Prognose in solchen Fällen ist leider nicht günstig. **Die Tiere sollten auf jeden Fall einem reptilienkundigen Therapeuten vorgestellt werden**, damit eine Therapie erfolgen kann. Eine zusätzliche naturheilkundliche Therapie hat sich bestens bewährt und sollte begleitend durchgeführt werden. Vitamin- und Mineralstoffpräparate sollten unbedingt vom Fachmann verordnet werden um eine Überdosierung zu vermeiden.

Wichtig
Um die Entstehung einer Rachitis zu vermeiden, muss auf ausreichend Beleuchtung (idealerweise Freilandhaltung) und die richtige Ernährung geachtet werden.

Bei Knochen- und Mineralisationsschwäche – im Anfangsstadium einer Rachitis.	Phosphor-Homaccord oder Calcium phosphoricum als Schüßler Salz
Bei bereits erfolgten Knochenbrüchen und Panzerdefekten zur Heilung.	Symphytum D12
Als Konstitutionsmittel zur Vorsorge und bei bestehender Kalkstoffwechselstörung.	Calcium carbonicum D30
Zur Nahrungsergänzung.	Sepiaschale, zerkleinert

Praxistipp
Gute Resultate bringt auch eine Therapie mit pulsierendem Magnetfeld, um den Zellstoffwechsel anzuregen und somit den Kalziumeinbau in den Knochen zu erreichen.

Verletzungen

Leider passiert es immer wieder, dass sich die Tiere kleinere Verletzungen zuziehen. Bei **Verbrennungen**, **schweren Verletzungen** und **Bissverletzungen** sollte das Tier umgehend zum **Tierarzt oder Therapeuten** gebracht werden.

Als Basisbehandlung, in flüssiger Form auch lokal zur Wundspülung.	Traumeel ad us. vet. Tabletten, äußerlich als Ampullen
Bei schlecht heilenden Wunden, Risswunden oder verschmutzten Wunden.	Calendula D12 3x täglich, Calendulasalbe äußerlich
Zur Unterstützung der Wundheilung.	Arnica D12, anfangs stündlich

Bei Gefahr einer Blutvergiftung, dunkle Verfärbung der Verletzung.	Lachesis compositum N ad us. vet. Ampullen
Zur Förderung der Wundheilung und Vernarbung.	Kalium chloratum äußerlich als Schüßler Salz Salbe
Bei Verbrennungen mit Blasenbildung.	Cantharis D30 und lokal äußerlich als verdünnte Urtinktur
Bei Verbrennungen allgemein.	Causticum D30

Echsen

Die Echsen bilden eine große Gruppe unter den Reptilien. Bekannt sind in etwa 4700 verschiedene Arten. Sie kommen auf allen Kontinenten vor, nur die Antarktis zählt nicht zum Lebensraum. Echsen zählen unter den Reptilien zu den wohl am häufigsten gehaltenen Tieren. Gerade Agamen, Geckos und Chamäleons erfreuen sich unter den Terrarianern einer großen Beliebtheit und werden inzwischen teilweise massenhaft nachgezogen.
Die wechselwarmen Tiere zeigen extrem große Unterschiede in ihrer Haltung. Ihre Toleranz gegenüber Temperaturen ist vollkommen unterschiedlich. Einige Arten benötigen eine Temperatur von über 40 °C, andere bevorzugen ein eher frühlingshaftes Klima mit 25 °C. Der Lebensraum der verschiedenen Echsenarten reicht von der Wüste bis zur Schneegrenze in den Hochgebirgen. Auch ernährungstechnisch gibt es große Unterschiede. Die Bandbreite geht von reinen Insektenfressern, über Futterspezialisten – die sich ausschließlich von Ameisen ernähren – bis hin zu Vegetariern. Die meisten Arten sind eierlegend (ovipar). Die Jungtierentwicklung beginnt im Mutterleib und wird außerhalb des Mutterleibs beendet.
Über die vielen verschiedenen Echsenarten sind bereits zahlreiche Bücher und Ratgeber im Handel erhältlich, die alle wichtigen Haltungsbedingungen und Anforderungen abhandeln. Diese Literatur muss als Pflichtlektüre angesehen werden, **bevor** man sich ein solches Tier anschafft.
Die Miniaturausgaben der Saurier brauchen keine Streicheleinheiten, aber unbedingt eine sachkundige Pflege. Diese beginnt bei der Anschaffung des richtigen Terrariums, der idealen Beheizung und Beleuchtung und endet bei der korrekten Ernährung und Behandlung der Tiere.

▷ Ernährung und Vitamine

Die ausgewogene und vor allem richtige Ernährung ist für alle Echsen, neben den idealen Haltungsbedingungen, das wichtigste Kriterium zur Gesunderhaltung. Wie bei den Schildkröten bereits erwähnt, ist auch bei den Echsen eine Ernährung mit Fertigpellets nicht empfehlenswert. Vor allem für die Echsenarten, die ihr natürliches Habitat in der Wüste haben und ihren Wasserbedarf größtenteils über die Nahrung abdecken, ist eine Fütterung mit Trockenfutter fatal. Auch die ausschließliche Wasserversorgung über eine im Terrarium abgestellte Wasserschale führt bei vielen Tieren zu einem Flüssigkeitsmangel. Sie erkennen stehende Gewässer häufig nicht als Trinkquelle, weil sie ausschließlich Tropfwasser, in der Natur als Regen- oder Tautropfen, trinken. Egal, ob Fleischfresser oder Vegetarier, für die Ernährung von Echsen sollte die Qualität des Futters an oberster Stelle stehen. Ein Heimchen, dass seit mehreren Tagen ohne Futter beim Zoohändler im Regal steht, ist vom Nährwert gleich null. Die Echsen benötigen zur Verdauung des Futters mehr Energie als das Futter einbringt. Das gleiche gilt für Grünzeug, das mehrere Tage gelagert wurde.

Aber nicht nur die Frische ist entscheidend. Ganz wichtig, vor allem für den Knochenbau, ist das richtige Verhältnis von Kalzium und Phosphor in der Nahrung. Die Knochen sind der Kalziumspeicher des Körpers. Wird dem Körper Futter zugeführt, dessen Kalzium/Phosphat-Verhältnis ungünstig ist (viel Phosphor – wenig Kalzium), so wird Kalzium aus dem Skelettsystem mobilisiert. Das führt auf Dauer möglicherweise zu Knochendeformationen. Sepiaschalen sind im Übrigen eine natürliche Kalziumquelle, die auf keinem Speiseplan fehlen sollten.

Hier eine Übersicht über den Protein- und Fettgehalt sowie dem Kalzium/Phosphor-Gehalt einiger Insekten. Zum besseren Verständnis: Vergleichen Sie doch einmal das Kalzium/Phosphor-Verhältnis von Heimchen und Schaben.

Heimchen	Rohprotein: 193 g/kg Rohfett: 48,8 g/kg Kalzium: 0,22 g/kg Phosphor: 2,19 g/kg
Mittelmeergrillen	Rohprotein: 195,9 g/kg Rohfett: 65,2 g/kg Kalzium: 0,26 g/kg Phosphor: 2,1 g/kg
Heuschrecken	Rohprotein: 204,9 g/kg Rohfett: 117,6 g/kg Kalzium: 0,18 g/kg Phosphor: 1,78 g/kg
Mehlwürmer	Rohprotein: 224,4 g/kg Rohfett: 52,3 g/kg Kalzium: 0,09 g/kg Phosphor: 4,12 g/kg

Zophopas	Rohprotein: 204,8 g/kg Rohfett: 137,1 g/kg Kalzium: 0,09 g/kg Phosphor: 2,15 g/kg
Schaben	Rohprotein: 287 g/kg Rohfett: 109 g/kg Kalzium: 2,31 g/kg Phosphor: 2,11 g/kg

Quelle: Mit freundlicher Genehmigung von Bugs-International, Georg Reitmaier, Futtertierzucht.

Leider wird immer wieder neben dem „falschen Futter" auch viel zu viel Futter verabreicht. Eine völlig verfettete Bartagame oder ein übergewichtiges Chamäleon haben nicht nur eine deutlich verkürzte Lebensdauer und oftmals schwere gesundheitliche Probleme. Es ist auch sicherlich kein schönes Leben für die Tiere, wenn sie ihren Alltag träge und teilweise bewegungsunfähig im Terrarium verbringen. In der Natur wird eine Bartagame sicherlich nicht täglich eine Schale Salat sowie zahlreiche Insekten finden und zu sich nehmen.
Auch die Art der Fütterung ist wichtig. Wenn Sie Ihre Echse an die Fütterung mit der Pinzette gewöhnen, können Sie dann auch leichter mal ein Medikament verabreichen. Die artgerechte Fütterung ist aber, dass die Tiere ihr Futter selbst jagen oder im Terrarium suchen müssen. Bewegung ist wichtig, sowohl für die Verdauung als auch für den Bewegungsapparat.

▷ Ist meine Echse gesund?

Ganz wichtig ist diese Frage auch vor dem Kauf des Tieres. Viel zu oft kommen Reptilienneubesitzer in meine Praxis und präsentieren mir ihre gerade gekauften Echsen, die unwissentlich krank erworben wurden. Gerade beim Kauf von Jungtieren sollten Sie darauf achten, dass die Tiere bereits futterfest sind. Anfänger sollten sich für ein halbwüchsiges Tier entscheiden, da diese natürlich schon deutlich robuster sind als ganz junge Echsen. Informieren Sie sich gründlich vor der Anschaffung auch über Erkrankungen und Auffälligkeiten der von Ihnen gesuchten Echsenart. So können Sie eventuell bestehende Probleme schneller erkennen.

Hier eine kleine Checkliste anhand der Sie den Gesundheitszustand Ihrer Echse überprüfen können:

- **Verhalten**: Echsen sind sehr neugierige und aufmerksame Tiere. Besonders scheue Arten oder Jungtiere sollten einen Fluchtreflex zeigen.
- **Haut**: Die Hautoberfläche sollte trocken sein. Untersuchen Sie die Kloake und alle Hautfalten. Hier verstecken sich Milben oder Zecken.
- **Augen**: Die Augen sind offen und klar. Die Lidränder sind schmal und mit deutlicher Kontur. Eingefallene Augen sind ein deutliches Warnzeichen!
- **Nasenlöcher**: Offen und trocken. Manchmal mit einer kleinen weißen Kruste. Blutige Krusten oder bräunliche Beläge an den Nasenlöchern können Hinweise auf eine Erkrankung sein.
- **Maul**: Die meisten Echsen lassen ihr Maul ganz einfach durch leichtes Ziehen an der Kehlhaut öffnen. Finden Sie einen käsigen Belag oder leichte Entzündungen an den Mundwinkeln ist dies ein Hinweis auf eine Maulfäule! Das Maul sollte komplett geschlossen werden können. Atmet ihre Echse auch im Schatten mit geöffnetem Maul oder gibt beim Atmen ein rasselndes Fauchgeräusch von sich, sollten Sie umgehend einen Tierarzt aufsuchen.
- **Gliedmaßen**: Geschwollene Gliedmaßen können ein Anzeichen für rachitische Erkrankungen oder Brüche sein. Sind die hinteren Extremitäten geschwollen, kann eine schwere Nierenerkrankung vorliegen. Gesunde Tiere zeigen ein klares, gleichmäßiges Gangbild. Zittrige Beine oder Koordinationsschwierigkeiten sind häufig Ausdruck einer Mangelkrankheit. Diese Tiere müssen einem Fachmann vorgestellt werden.
- **Kloake**: Die Kloake sollte frei und ohne Kotspuren sein.

Verabreichung von Medikamenten

Bei Echsen ist die Verabreichung der Medikamente im Vergleich zu Schlangen relativ unproblematisch. Die Mittel sollten dem Tier, wenn möglich, über das Futter oder Wasser verabreicht werden. Eine direkte Verabreichung sollte nur bei Tieren vorgenommen werden, die nicht mehr ans Futter gehen oder sehr geschwächt sind.
Bei mehreren Tieren im Terrarium empfiehlt sich die direkte Verabreichung des präparierten Futtertiers mittels Pinzette oder das Besprühen des betreffenden Tieres mit dem angereicherten Wasser. Es soll ja nur das erkrankte Tier behandelt werden. Am besten ist es aber, das kranke Tier separat in ein Quarantänebecken zu setzen.

Wichtig
Beachten Sie bitte, dass jegliche Zwangsmaßnahmen bei der Medikamentengabe für das Tier enormen Stress bedeuten.

Homöopathische Mittel können Sie über das Wasser verabreichen. Ein Besprühen des Tieres mit einer Medikamenten-Wasser-Mischung ist günstiger als das direkte Eingeben, gerade bei schreckhaften oder sehr scheuen Echsen. Alle Tabletten oder Globuli können zerkleinert und wie das Vitaminpulver über Insekten oder den Salat gestreut werden.

Wichtig
Die Tiere müssen unbedingt ihre physiologische Aktivtemperatur haben, wenn Medikamente verabreicht werden. Nur dann können die Wirkstoffe und Informationen auch vom Körper aufgenommen und umgesetzt werden.

Häufige Erkrankungen von A–Z

Die unten aufgeführten Erkrankungen stellen nur ein Bruchteil von den gesundheitlichen Problemen dar, die Echsen bekommen können. Angesprochen werden in diesem Buch nur die Krankheiten, die auch vom Halter selbst behandelt oder unterstützend begleitet werden können.

Dosierung
(Sofern nicht anders angegeben)
Globuli: 1–3x täglich 5 Globuli
Tabletten: 1–2x täglich ½ Tablette, bei Tieren mit einem Gewicht über 3 kg wird 1 Tablette gegeben
Tropfen: 1–2x täglich 10 Tropfen (lassen Sie den Alkohol vorab ausreichend ausdünsten)

Bei akuten Erkrankungen empfiehlt sich eine stündliche Gabe bis eine sichtbare Besserung eingetreten ist. Die Dauer der Behandlung richtet sich nach der Art der Erkrankung. Bei akuten Fällen sind 2–3 Tage ausreichend, bei chronischen Störungen kann eine Medikamentengabe über mehrere Monate angezeigt sein.

Wichtig
Erst die Diagnose, dann die Therapie. Bei Unsicherheiten wenden Sie sich bitte an Ihren Therapeuten.

Abmagerung

Immer erst beim Therapeuten/Tierarzt die Ursache abklären lassen.

Gewichtsverlust nach Entwurmung oder sonstiger Medikamentengabe. Wenn schlechtes Futter aufgenommen wurde.	Okoubaka D12 für 2 Tage
Trotz gutem Appetit.	Calcium sulfuratum D6 als Schüßler
Abmagerung nach schwerer Krankheit, Folge von Wurmbefall, sehr schwaches Tier.	China C30
Abmagerung durch Stress oder Kummer.	Bachblüten Olive + Wild Rose
Zur Regulierung des Magen-Darm-Traktes bei Verdauungsstörungen.	Nux vomica D12

Praxistipp
Verabreichen Sie dem Tier zur Anregung der Futteraufnahme und bei gestörter Darmflora DarmReptin von cdVet.

Abszess (Eiterungen)

Das Mittel bei akuten Abszessen mit Eiterbildung und Schmerzhaftigkeit. Bringt den Eiter zum abfließen.	Hepar sulfuris D12
Das „homöopathische Messer", wenn Hepar sulfuris Unterstützung braucht. Öffnet den Abszess und erspart häufig eine Operation.	Myristica sebifera C30
Zur Austreibung von Fremdkörpern, fördert die Heilung.	Silicea C30, äußerlich als Salbe
Unterstützende Therapie, auch vor und nach Operationen. In flüssiger Form äußerlich oder zum Spülen.	Traumeel ad us. vet. Tabletten 2–3x täglich
Zur äußerlichen Unterstützung der Heilung.	Wund-Ex forte

Wichtig
Bitte denken Sie immer daran, dass Abszesse enorme Schmerzen verursachen können. Eine angemessene Schmerzbehandlung durch den Tierarzt ist also Pflicht!!

Atemwegserkrankungen

Bei **allen Atemwegserkrankungen** ist eine Diagnostik durch den **Tierarzt/Therapeuten** unerlässlich, da es sich häufig um schwere Erkrankungen wie beispielsweise eine Lungenentzündung handelt, die dann auch konventionell behandelt werden muss. Als Ursache von Atemwegserkrankungen kommen bakterielle Erreger oder Viruserkrankungen, häufig auch Nierenerkrankungen, aber leider ebenfalls Haltungsfehler infrage. In vielen Terrarien herrscht wegen falsch angebrachter Lüftungsöffnungen ständige Zugluft.

Dies kann jeder Besitzer einfach testen, indem er ein brennendes Teelicht in sein Terrarium hält. Häufig flackert die Kerze nicht nur, sondern wird von der Zugluft sogar ausgepustet. Das zweite große Problem ist vor allem bei den zahmen Bartagamen das frei laufen lassen in der Wohnung. Die Tiere werden aus dem etwa 30–35 °C warmen Terrarium in ein rund 20 °C herrschendes Wohnklima gesetzt und dürfen bei diesen Temperaturen ein bisschen spazieren gehen. Eigentlich sind das eher Temperaturen für den Winterschlaf ... eine Atemwegserkrankung ist also vorprogrammiert.

Als Begleittherapie:

Zur Abwehrsteigerung.	Echinacea compositum
Zur Unterstützung bei Erkältungskrankheiten und Infektionen.	Engystol ad us. vet.
Unterstützung der Atemwegsfunktion (Nahrungsergänzung).	Bronchial Reptin
Bei vermehrter Sekretbildung und deutlichem Würgen.	Ipecacuanha D 30

Praxistipp
Verabreichen Sie nach einer Antibiotikatherapie für einige Tage Bird Bene-Bac oder DarmReptin, um die natürliche Darmflora und somit ein funktionierendes Immunsystem wieder herzustellen.

Augenentzündung

Augenentzündungen lassen sich im Anfangsstadium sehr gut homöopathisch behandeln. Vorher sollten Sie unbedingt das Auge auf **Verletzungen oder Fremdkörper** untersuchen. Eine Augenentzündung kann auch im Zusammenhang mit einer anderen Grunderkrankung auftreten. Das Tier deshalb insgesamt auf Krankheitszeichen eines **gestörten Allgemeinbefindens** wie etwa Apathie, Atemgeräusche untersuchen. Sollten die **Augenlider deutlich verdickt** sein, handelt es sich meist nicht um eine Augenentzündung, sondern um einen Mangel an Vitamin A. In diesen Fällen müssen die Tiere einem **reptilienkundigen** Therapeuten vorgestellt werden.

Bei allen Entzündungen der Augen, unterstützt die Heilung.	Euphrasia C30
Wenn das Auge geschwollen ist, bei allergischen Reaktionen.	Apis C30
Nach Operationen am Auge, fördert die Heilung.	Staphisagria C30
Augentropfen, wenn die Entzündung akut ist.	Euphrasia Augentropfen
Augentropfen, wenn die Entzündung chronisch ist oder häufig wiederkommt.	Oculoheel Augentropfen für Tiere

Praxistipp

Behandeln Sie das Tier immer sowohl innerlich mit Globuli als auch lokal mit Augentropfen. Sollte die Entzündung nach 3 Tagen nicht deutlich besser sein, bitte einen Fachmann aufsuchen.

Darmvorfall

Als Darmvorfall wird die Ausstülpung des Darmes bezeichnet. Durch falsche Ernährung, Entzündungen oder Parasitenbefall findet man als Symptom ein rotes und eventuell blutendes Gebilde an der Kloake. Häufig geschieht dies unmittelbar nach dem Kotabsatz.

Ganz wichtig bei einem Darmvorfall ist der Zeitfaktor. Nur wenn der ausgestülpte Darm sofort erkannt wird, kann man versuchen den Darm mittels eines feuchten Wattestäbchens wieder zurückzumassieren. Sollten bereits **dunkel verfärbte oder vertrocknete Areale** zu sehen sein, muss **sofort** ein **Tierarzt** aufgesucht werden. Auch bei häufigem Darmvorfall sollte das Tier von einem erfahrenen Reptilientierarzt behandelt werden, da dann gegebenenfalls der Darm operativ versorgt werden muss.

Wichtig
Da der ausgestülpte Darm sehr schnell austrocknet, ist es wichtig als Erste-Hilfe-Maßnahme den ausgestülpten Teil sofort zu befeuchten.

Erste Hilfe!	Kompresse getränkt mit Traumeel ad us. vet. Ampulle auf den ausgestülpten Darm.
Zur Vermeidung von Infektionen nach der Repositionierung des Darms.	Traumeel ad us. vet. Tabletten 1x täglich
Für den Weg zum Tierarzt.	Kalte, feuchte, mit Traumeel Ampulle getränkte Kompresse, damit der Darm nicht weiter austrocknet.
Gegen den Stress.	Bachblüten Notfallglobuli

Praxistipp
Das Risiko eines Darmvorfalls kann durch eine artgerechte Haltung und die regelmäßige Kotkontrolle auf Parasitenbefall deutlich gemindert werden.

Durchfall

Durchfall kann eine Vielzahl von Ursachen haben. **Wichtig für die Behandlung ist, dass Sie die Ursache kennen.** Also erst die Diagnose – dann die Therapie!!! Als Auslöser für Durchfall kommen infrage: verdorbenes Futter, falsches Futter (zum Beispiel Obst), Medikamente wie Antibiotika, Schmerzmittel oder Wurmmittel, Stress, Angst oder Parasitenbefall.

Wichtig
Dauert der Durchfall länger als drei Tage, verweigert das Tier jedes Futter und Wasser oder macht einen deutlich kranken Eindruck, sollten Sie sofort einen Tierarzt oder Tierheilpraktiker aufsuchen.

Bei Aufnahme von verdorbenem Futter. Bestes Mittel bei Vergiftungen durch Pestizide, Insektizide und Düngemittel.	Okoubaka C30
Bei häufigem Durchfall, hellbraune bis gelbliche Farbe.	Nux vomica C30
Bei Durchfall als Folge von Medikamenten wie Antibiotika oder Schmerzmittel.	Sulfur C30

Zusätzlich zur homöopathischen Therapie:

Bei gestörtem Allgemeinbefinden und zur Anregung der Futteraufnahme.	DarmReptin
Bei gestörter Darmflora, nach Medikamentengabe.	Bird Bene-Bac

Ektoparasiten

Ektoparasiten sind äußerliche Parasiten wie beispielsweise Milben oder Zecken. Hauptsächlich befallen ist die Kloakenregion. Durch die Vergesellschaftung mit einem neuen Tier oder durch verunreinigten Bodengrund können die Tiere an einem Milbenbefall erkranken. Neben der Behandlung ist ein Höchstmaß an Hygiene extrem wichtig. Bei **starkem Befall** sollte auf jeden Fall ein geeigneter **Therapeut** aufgesucht werden.

Bei Hautauschlägen als Folge von Insektenstichen, Knötchen oder Schuppenbildung.	Ledum C30
Zur Vorbeugung vor Parasitenbefall.	Ledum C200 alle 14 Tage

Äußerlich zur Reinigung und Entfernung von Milben.	Milben-Ex
Äußerlich zur Entfernung von Milben und der Reinigung des Terrariums.	Bio-Insect-Shocker
Bei Entzündungen oder gereizter Haut durch Parasiten.	Lebertransalbe oder Reptin Hautspray

Praxistipp

Neben der Behandlung des Tieres sollte auch immer daran gedacht werden, die Umgebung parasitenfrei zu bekommen. Es bringt nichts, ein Tier gegen Milben zu behandeln und dieses dann wieder in das befallene Terrarium zu setzen.

Endoparasiten

siehe: Parasitenbefall/Würmer

Häutungsprobleme

Bei optimaler Haltung und einem gesunden Tier wird man kaum mit Häutungsproblemen konfrontiert werden. Aber gerade bei den Geckos fällt eine vermehrte Häutungsproblematik auf.
Als Therapie steht die Optimierung der Haltung im Vordergrund. Bei **auffallend häufigen Häutungen** oder **anhaltenden Häutungsproblemen** sollte das Tier unbedingt einem reptilienkundigen Therapeuten vorgestellt werden, da dann meist eine Stoffwechselstörung oder Erkrankung vorliegt.

Wichtig

Auch eine Überversorgung mit Vitaminen ruft Häutungsprobleme hervor!

Ursachen für Häutungsprobleme können sein:

- Schlechter Ernährungs- und Allgemeinzustand
- Zu trockene oder zu feuchte Haltung
- Zu niedrige Temperatur im Terrarium
- Ektoparasiten
- Stoffwechselerkrankungen
- Alte Verletzungen
- Vitamin-A- und Vitamin-C-Mangel
- Fehlende raue Einrichtungsgegenstände im Terrarium

Erste Hilfe bei Häutungsproblemen!	Warmes Bad mit ein paar Tropfen Aloe vera
Zur Behandlung der Haut bei Häutungsproblemen nach Verletzungen, als Häutungsunterstützung.	Pflegeöl von cdVet
Zur Unterstützung und Vermeidung von Entzündungen.	Arnica D30 Globuli
Wenn Häutungsreste entfernt wurden und die Haut sehr gereizt wirkt bzw. kleine Verletzungen sichtbar sind.	Traumeel ad us. vet Ampulle äußerlich und innerlich

Legenot

Gerade bei Bartagamen- und Chamäleonbesitzern ist die Legenot eine gefürchtete Komplikation beim Züchten. Häufig wird diese schlichtweg zu spät erkannt und es kommt, wenn überhaupt, nur noch eine operative Entfernung des Geleges infrage. **Wichtig ist hier die Vorbeugung.** Stellen Sie sicher, dass ein geeigneter, ideal temperierter und befeuchteter Ablageplatz vorhanden ist. Häufig entsteht eine Legenot nur deshalb, weil die Weibchen keinen idealen Ablageplatz für ihre Eier finden können. Beobachten Sie das Weibchen (bei vergesellschafteten Echsen) während der Probegrabungen, ob es von den anderen Tieren im Terrarium gestört wird. Im Idealfall setzen Sie das Weibchen in ein separates Becken. Da die Eier kurz vor der Ablage dem

Körper des Weibchens eine große Menge Wasser entziehen, ist es unbedingt notwendig die Tiere ausreichend zu tränken. Meist wird mehrere Tage vor der Ablage keine Nahrung mehr angenommen und so kann die notwendige Flüssigkeit nur über gezielte Wassergabe aufgenommen werden.

Wichtig

Bei dem Verdacht auf Legenot suchen Sie bitte unbedingt einen Tierarzt auf. Eine unbehandelte Legenot endet für das Tier tödlich.

Symptome einer Legenot können sein:

- Apathie
- Eingefallene Augen
- Sichtbares erfolgloses Pressen
- Atemnot
- Blutig-schleimig verklebte Kloake

Unterstützende und vorsorgende Therapien:

Als Unterstützung, gegen den Stress.	Bachblüten Notfallglobuli
Zur Stärkung vor der Geburt.	Schüßler Salze Calcium fluoratum und Calcium phosphoricum
Kurz vor der Geburt für eine gute Wehentätigkeit.	Schüßler Salze Magnesium phosphoricum
Während der Eiablage bei sichtbarer Wehenschwäche – und nur dann, da eine Störung während der Eiablage auch zu einer Legenot führen kann!	Caulophyllum thalictroides D6 – 5 Globuli in etwas Wasser auflösen und ohne Zwang ins Maul träufeln.
Nach der Eiablage zum Aufbau des Immunsystems.	Jeweils 1 Tablette Traumeel und 1 Tablette Engystol in Wasser aufgelöst verabreichen.

Praxistipp

Das Weibchen benötigt für die Eiablage vermehrt Kalzium und Magnesium. Hier bietet es sich an, das verabreichte Wasser mit Schüßler Salzen Calcium fluoratum D6 und Magnesium phosphoricum D6 etwas aufzuwerten. Dazu einfach je 4 Tabletten mit einem halben Liter Wasser verdünnen und dieses Wasser zum Eingeben und Ansprühen verwenden.

Lungenentzündung

siehe: Atemwegserkrankungen

Maulfäule (Stomatitis ulcerosa)

Die Maulfäule ist eine bakterielle Entzündung der Mundschleimhaut, die häufig bei Schlangen und Echsen auftritt. Die Entzündung wird meist durch physiologische (auch bei gesunden Tieren vorhandenen) Bakterien ausgelöst. Bei Stress, Haltungsfehlern, schlechter Hygiene, Mangelerscheinungen oder Verletzungen können sich die Bakterien so stark vermehren, dass es zur Entzündung der Mundschleimhaut kommt. Unbehandelt geht die Maulfäule häufig durch Einatmen des eitrigen Ausflusses in eine Lungenentzündung über. Das Tier **muss** auf jeden Fall einem **Tierarzt** vorgestellt werden, da meist eine Behandlung mit Antibiotika unumgänglich ist.

Wichtig

Bei der Behandlung der Maulfäule steht die Optimierung der Haltung und Abstellen von Stressfaktoren an erster Stelle.

Als Begleittherapie:

Lokal zum Spülen der Mundschleimhaut.	Traumeel Ampullen
Zur Vermeidung von Stresszuständen.	Bachblüten Notfallglobuli
Zum Aufbau der Mundschleimhaut und Regeneration, bei langer und schwerer Erkrankung.	Kalium phosphoricum und Natrium chloratum als Schüßler Salze

Nierenprobleme

Nierenerkrankungen sind bei Echsen leider sehr häufig anzutreffen. Gerade die Arten, die sich sowohl vegetarisch als auch von Insekten ernähren, erkranken zahlreich an Niereninsuffizienz oder Gicht.

Alle Erkrankungen der Niere gehören in die Hände des **Tierarztes** – eine begleitende homöopathische Therapie ist sehr hilfreich. Häufig können die Tiere sogar von ihren Dauermedikamenten abgesetzt werden.

Auslöser einer Nierenkrankung ist in vielen Fällen eine falsche, zu eiweißreiche Fütterung. Vor allem die Fütterung von Fertigfutter/Pellets verursacht Nierenprobleme. Bei **Bartagamen** und dem **Grünen Leguan** ist es die Überversorgung mit Proteinen, also Insekten. Hier muss bei einer Nierenerkrankung auf eine strikte Einhaltung der ausschließlichen vegetarischen Fütterung geachtet werden! Die meisten Bartagamen bekommen leider, auch wenn sie ausgewachsen sind, überwiegend Insekten zu fressen, obwohl sie zu 90 % vegetarisch ernährt werden sollten.

Symptome sind meist:

- Appetitlosigkeit
- Hautprobleme
- Ödembildung an den Augenlidern
- Ödembildung an den Gliedmaßen
- Atemnot
- Probleme an den Hinterbeinen (Gicht)

Wichtig

Eine klinische Diagnostik ist bei all diesen Symptomen unumgänglich. Ebenso die Optimierung der Ernährung. Auch die regelmäßige Kontrolle der Nierenwerte durch den Tierarzt ist unerlässlich. Alle Therapien sind Langzeittherapien und müssen häufig ein Leben lang gegeben werden.

Als Begleittherapie:

Basisbehandlung bei bestehender Niereninsuffizienz.	Solidago compositum + Ubichinon compositum + Coenzyme compositum. Anfangs täglich jeweils 5 Tropfen, später nur noch alle 2–3 Tage. Auf ausreichend Flüssigkeitsaufnahme achten!
Bei akuten und schweren Nierenproblemen.	Arsenicum album-Injeel, 1 x täglich 1 ml.
Begleittherapie bei bestehender Gicht.	Mischung aus Mucosa compositum, Colchicum-Injeel, Traumeel ad us. vet. Ampullen und Populus similaplex. Von dieser Mischung 1x täglich 5 Tropfen im Wechsel mit Solidago compositum.
Als Vorbeugung, wenn Tiere falsch ernährt wurden.	Berberis-Homaccord + Cantharis compositum + Coenzyme ad us. vet. compositum + Engystol ad us. vet. (alles Ampullen) als Mischung 1x wöchentlich 10 Tropfen auf 10 ml Trinkwasser geben.

Parasiten/Wurmbefall

Obwohl es inzwischen geeignete Untersuchungsverfahren und Behandlungsmöglichkeiten gibt, gehört der Befall mit Parasiten immer noch zu den häufigsten Todesursachen. Hier ist jeder Reptilienbesitzer in der Pflicht, seine Schützlinge regelmäßig auf Parasiten untersuchen zu lassen. Ideal ist es, einmal jährlich den Kot drei Tage zu sammeln und vom Therapeuten/Tierarzt ins Labor schicken zu lassen. Ganz wichtig ist eine genaue Analyse der Parasiten, da nicht alle geeigneten Medikamente bei allen Parasiten wirksam sind. Es ist absolut unsinnig und für die Tiere sicherlich nicht optimal, wenn pauschal ein x-beliebiges Präparat verabreicht wird ohne zu wissen, ob ein Befall vorliegt und falls ja, welche Parasiten es denn sind. Die naturheilkundliche Therapie bei Parasitenbefall hat hier ihren Schwerpunkt auf der Vorsorge und Nachbehandlung.

Wichtig

Ein gesundes Immunsystem und ein stabiles Darmmilieu lassen einen starken Befall mit Parasiten selten auftreten. Die Einhaltung einer peinlichen Hygiene ist ein Muss, um eine etwaige Parasitenbelastung nicht noch zu verstärken und einer Reinfektionen vorzubeugen.

Zur Vorbeugung und Darmstabilisierung nach einer Entwurmung.	DarmReptin
Bei Jungtieren, zur Stärkung des Darmmilieus. Sowohl als Vorsorge als auch nach einer Entwurmung geeignet.	Calcium carbonicum als Schüßler Salz
Zur Sanierung des Darmmilieus nach Entwurmung, Durchfall nach Entwurmung.	Bird Bene-Bac
Abmagerung und Entwicklungsstörungen durch Parasiten, Sanierung des Darmmilieus.	Abrotanum D12

Unterstützend zur spezifischen Behandlung bei Kokzidien.	Nux vomica D30 2x täglich 5 Globuli
Bei Bandwurmbefall.	China logoplex

Praxistipp

In das Labor von Herrn Dr. Mutschmann in Berlin (Exomed – Kontaktdaten finden Sie unter „Nützliche Adressen“, Seite 90) können Sie die Kotproben auch selbst einsenden. Sie erhalten dann den Befund einschließlich eines Therapievorschlags per Post und können mit diesem zu Ihrem Therapeuten/Tierarzt gehen.

Rachitis

Eine Rachitis betrifft vor allem Tiere, die sich noch im Wachstum befinden. Ursache hier ist ein ausgeprägter Mangel an Vitamin A und Vitamin D durch falsche Ernährung und Haltungsfehler. Vor allem das Fehlen von ausreichend UV-Licht führt zu dieser schweren Erkrankung. Leider erkennen viele Halter die Zeichen einer Rachitis zu spät und so werden die Tiere erst in der Praxis vorgestellt, wenn die Knochen komplett weich und die Tiere zunehmend inaktiv werden. Oft nehmen die Tiere keine Nahrung mehr zu sich, da der weiche Kiefer Beschwerden beim Fressen verursacht. Die Prognose in solchen Fällen ist leider nicht günstig. **Die Tiere sollten auf jeden Fall einem reptilienkundigen Therapeuten vorgestellt werden**, damit eine Therapie erfolgen kann. Eine zusätzliche naturheilkundliche Therapie hat sich bestens bewährt und sollte begleitend durchgeführt werden. Vitamin- und Mineralstoffpräparate sollten unbedingt vom Fachmann verordnet werden um eine Überdosierung zu vermeiden.

Wichtig

Um die Entstehung einer Rachitis zu vermeiden, muss auf ausreichend Beleuchtung und die richtige Ernährung geachtet werden.

Bei Knochenschwäche und Mineralisationsschwäche – im Anfangsstadium einer Rachitis.	Phosphor-Homaccord oder Calcium phosphoricum als Schüßler Salz
Bei bereits erfolgten Knochenbrüchen und Deformationen.	Symphytum D12
Als Konstitutionsmittel zur Vorsorge und bei bestehender Kalkstoffwechselstörung.	Calcium carbonicum D30
Zur Nahrungsergänzung – sollte aber ohnehin immer auf dem Speiseplan stehen!!	Sepiaschale, zerkleinert

Praxistipp
Gute Resultate bringt auch eine Therapie mit pulsierendem Magnetfeld, um den Zellstoffwechsel anzuregen und somit den Kalziumeinbau in den Knochen zu erreichen.

Verletzungen

Leider passiert es immer wieder, dass sich die Tiere kleinere Verletzungen zuziehen. Bei **Verbrennungen**, **schweren Verletzungen** und **Bissverletzungen** sollte das Tier umgehend zum Tierarzt gebracht werden, da nur dieser eine adäquate Schmerzbehandlung durchführen kann.

Als Basisbehandlung, in flüssiger Form auch lokal zur Wundspülung.	Traumeel ad us. vet Tabletten, äußerlich als Traumeel ad us. vet. Ampullen
Bei schlecht heilenden Wunden, Risswunden oder verschmutzten Wunden.	Calendula D12 3x täglich, Calendulasalbe äußerlich

Zur Unterstützung der Wundheilung.	Arnica D12, anfangs stündlich
Bei Gefahr einer Blutvergiftung, dunkle Verfärbung der Verletzung.	Lachesis compositum N ad us. vet. Ampullen
Zur Förderung der Wundheilung und Vernarbung.	Kalium chloratum äußerlich als Schüßler Salz Salbe
Bei Verbrennungen mit Blasenbildung.	Cantharis D30 und lokal äußerlich als verdünnte Urtinktur oder Umschlag
Bei Verbrennungen allgemein.	Causticum compositum D30

Schlangen

Nattern, Boas und Pythons erfreuen sich in der Terraristik einer immer größer werdenden Fangemeinde. Die meisten Arten sind recht problemlos im Terrarium zu halten. Einige große Arten benötigen allerdings ein Terrarium in der Größe eines Kinderzimmers, wenn sie ausgewachsen sind. Bedenken Sie also vor der Anschaffung, ob Sie das Tier auch ausgewachsen noch artgerecht unterbringen können.

Im Gegensatz zu Echsen und Schildkröten sind die meisten Schlangen eher anspruchslose Pfleglinge. Gerade Nattern erfreuen sich großer Beliebtheit, da sie zwar meist etwas scheu und nervös sind, aber dafür ihr Biss recht harmlos und wenig schmerzhaft ist. Leider führt gerade das häufig sehr attraktive Äußere, die Ungefährlichkeit und die überschaubare Größe dazu, dass viele Nattern in Kinderzimmern gehalten werden. Schlangen sind wie alle Reptilien keine Kuscheltiere, benötigen ein stressfreies Umfeld und haben deshalb im Kinderzimmer nichts verloren.

Beleuchtung und UV-Lampen sind bei den meisten Schlangen nicht das Hauptthema. Die Luftfeuchtigkeit und Temperatur dafür umso mehr. Schon geringe Abweichungen von den idealen Werten können bei Schlangen zu gravierenden Problemen führen. Eine gewissenhafte Haltungsinformation und eine genaue Prüfung der Werte im Terrarium vor der Anschaffung des Tieres sind also unerlässlich, wenn man sich nicht ganz schnell mit einer kranken Schlange konfrontiert sehen möchte.

Da Schlangen meist eher inaktive Tiere sind und sich gerne tagelang in ihren Versteckplätzen aufhalten, bemerken viele Besitzer eine Erkrankung oft viel zu spät. Aber auch die fehlende Schmerzäußerung und fehlende Kommunikationsgabe sind ein großes Problem. Andere Haustiere wie Hund oder Katze können mit uns kommunizieren und ganz klar und deutlich signalisieren, wenn mit ihnen etwas nicht stimmt. Umso wichtiger ist es also für die Schlange, dass sich sein Besitzer mit dem Verhalten, den Reaktionen und den physiologischen Daten wie Normalgewicht und Größe oder Häutungsintervallen auskennt. Auch die genaue Kenntnis über Verhalten und Fluchtreaktion sind wichtig, um eine Abweichung überhaupt erkennen zu können. Wird beispielsweise eine eher ruhige Schlange plötzlich aggressiv, so kann das schon auf eine Erkrankung oder Schmerzen hinweisen.

Ernährung und Vitamine

Das Hauptfutter von Schlangen sind Wirbeltiere, meist Nagetiere wie Mäuse und Ratten. An dieser Stelle möchte ich mir eine Bemerkung zum Thema Lebendfütterung erlauben: Alle Wirbeltiere unterliegen dem Tierschutzgesetz! Es müssen also auch bei den Futtertieren unnötige Schmerzen, Leiden und Schäden vermieden werden. Das Töten von Wirbel-/Nagetieren darf nur durchführen, wer die notwendige Sachkunde und Genehmigung besitzt. Um also einen Verstoß gegen das Tierschutzgesetz zu vermeiden, sollte auf Frostfutter zurückgegriffen werden. Sicherlich gibt es triftige Gründe, um eine Schlange lebend zu füttern. Der Großteil aller Schlangen aber lässt sich problemlos auf Totfütterung umstellen. **Arten, die sich ausschließlich mit Lebendfütterung ernähren lassen, gehören nur in erfahrenste und befugte Hände.** Wenn sich jeder Schlangenbesitzer ausnahmslos an diese Vorschriften hält, wird manchem Tierschützer, der sich aus diesem Grund für ein Verbot der Schlangenhaltung ausspricht, jegliche Beschwerdegrundlage entzogen.

Ganz wichtig ist bei der Fütterung mit Frostfutter aber das Aufwerten des Futters. Dies geschieht am besten mit einem flüssigen Vitaminpräparat, das in das Futtertier appliziert wird. Hier gilt: Viel hilft nicht viel! Die Dosierungsangaben sollten unbedingt eingehalten werden, da durch eine Überversorgung erhebliche Probleme entstehen können.

Um keine Verstopfung oder Erbrechen zu riskieren, sollte jede Schlange erst nach erfolgtem Kotabsatz erneut gefüttert werden. Auch das Fütterungsintervall sollte alters- und größenentsprechend eingehalten werden. Es gibt kaum etwas Schlimmeres als völlig überfettete Schlangen, die sich aufgrund ihres Körperumfangs nicht mehr zusammenringeln können und ausgestreckt im Terrarium liegen.

Ist meine Schlange gesund?

Ob eine Schlange gesund ist oder doch eventuelle gesundheitliche Probleme hat, ist für den Laien häufig nicht so einfach zu erkennen. **Deshalb sollten alle Abweichungen von der Norm als Warnzeichen angesehen werden.** Der Gang zum Tierarzt ist unumgänglich, wenn Ihr Tier folgende Symptome zeigt:

- Abmagerung
- Farbveränderungen
- Abnormes Bewegungsmuster
- Aggressivität bei ansonsten ruhigen Tieren
- Atmung mit offenem Maul
- Schwellungen
- Hautveränderungen
- Übermäßiges Baden

Kennzeichen eines gesunden Tieres:
- Ein gesundes Tier wird auf **äußere Reize** immer mit Züngeln und einem Fluchtinstinkt reagieren.
- Die **Augen** sind (außer kurz vor der Häutung) klar und offen.
- Die **Haut** ist glatt und ebenmäßig.
- Die **Kloakenregion** ist sauber und geschlossen.
- Das **Maul** ist geschlossen und ohne Verkrustungen, aufgeworfene Stellen deuten auf eine Maulfäule hin.

▷ Verabreichung von Medikamenten

Das Eingeben der Medikamente erfolgt im Idealfall über das Futtertier. Bitte verfüttern sie dazu ein totes Futtertier, da wir ja nicht das Futter behandeln wollen.
Da Schlangen aber nicht täglich Futter zu sich nehmen, können Sie die Medikamente auch mit Wasser verdünnt als Trinkwasser oder Sprühwasser verabreichen.

▷ Häufige Erkrankungen von A–Z

Die unten aufgeführten Erkrankungen stellen nur ein Bruchteil von den gesundheitlichen Problemen dar, die eine Schlange bekommen kann. Angesprochen werden in diesem Buch nur die Krankheiten, die auch vom Halter selbst behandelt oder unterstützend begleitet werden können.

Dosierung

Sofern nicht anders angegeben gilt folgende Dosierung:
Globuli: 1x täglich 10 Globuli mit Wasser verdünnt
Tabletten: 1x täglich ½–4 Tabletten (je nach Größe des Tieres)
Tropfen: 1x täglich 10–30 Tropfen (je nach Größe des Tieres)

Bei akuten Fällen sind 2–3 Tage ausreichend, bei chronischen Störungen kann eine Medikamentengabe über mehrere Monate angezeigt sein. Ganz wichtig: Erst die Diagnose, dann die Therapie. Bei Unsicherheiten wenden Sie sich an Ihren Therapeuten.

Wichtig

Da Schlangen auf Alkohol extrem negativ und aggressiv reagieren, sollte von einer Verabreichung von Medikamenten, die Alkohol enthalten unbedingt abgesehen werden.

Abmagerung

Immer erst beim Therapeuten/Tierarzt die Ursache abklären lassen.

Gewichtsverlust nach Entwurmung oder sonstiger Medikamentengabe. Wenn schlechtes Futter aufgenommen wurde.	Okoubaka D12 für 2 Tage
Trotz gutem Appetit.	Calcium sulfuratum D6 als Schüßler Salz
Abmagerung nach schwerer Krankheit, Folge von Wurmbefall, sehr schwaches Tier.	China C30
Abmagerung durch Stress oder Kummer.	Bachblüten Olive + Wild Rose
Zur Regulierung des Magen-Darm-Traktes bei Verdauungsstörungen.	Nux vomica D12

Praxistipp
Verabreichen Sie dem Tier zur Anregung der Futteraufnahme und bei gestörter Darmflora DarmReptin von cdVet.

Abszess (Eiterungen)

Das Mittel bei akuten Abszessen mit Eiterbildung und Schmerzhaftigkeit. Bringt den Eiter zum abfließen.	Hepar sulfuris D12
Das „homöopathische Messer", wenn Hepar sulfuris Unterstützung braucht. Öffnet den Abszess und erspart häufig eine Operation.	Myristica sebifera C30
Zur Austreibung von Fremdkörpern, fördert die Heilung.	Silicea C30, äußerlich Siliceasalbe
Unterstützende Therapie, auch vor und nach Operationen. In flüssiger Form auch äußerlich oder zum Spülen.	Traumeel Tabletten 2–3x täglich
Zur äußerlichen Unterstützung der Heilung.	Wund-Ex forte

Wichtig
Bitte denken Sie bei jedem Abszess daran, dass es sich hierbei um eine starke Entzündung handelt und diese immer sehr schmerzhaft sind. Sollte ein Tier deutliche Schmerzzeichen zeigen oder der Abszess trotz Behandlung keine Reaktion aufweisen, suchen Sie bitte einen Tierarzt auf.

Atemwegserkrankungen

Bei **allen Atemwegserkrankungen** ist eine Diagnostik durch den **Tierarzt/Therapeuten** unerlässlich, da es sich häufig um schwere Erkrankungen wie eine Lungenentzündung oder eine Viruserkrankung handelt, die dann auch konventionell behandelt werden müssen.

Wichtig

Bitte denken Sie bei häufigen Atemwegserkrankungen gerade bei Boas und Pythons daran, dass es sich auch um IBD (Inclusion Body Disease, Einschusskörperchen-Krankheit. Diese Viruserkrankung ist auch unter dem Namen Schlangen-Aids gefürchtet.) handeln kann. Hoch ansteckend und bestandsgefährdend!

Als Begleittherapie:

Zur Abwehrsteigerung.	Echinacea compositum
Zur Unterstützung bei Erkältungskrankheiten und Infektionen.	Engystol
Unterstützung der Atemwegsfunktion auch als Vorbeugung. Ideal ist es, zwischendurch ein Futtertier mit Bronchial-Reptin aufzuwerten.	Bronchial Reptin

Praxistipp

Verabreichen Sie nach einer Antibiotikatherapie für einige Tage Bird Bene-Bac oder DarmReptin, um die natürliche Darmflora und somit ein funktionierendes Immunsystem wieder herzustellen.

Augenentzündung

Augenentzündungen lassen sich im Anfangsstadium sehr gut mit homöopathischen Mitteln behandeln. Vorher sollten Sie unbedingt das Auge auf **Verletzungen oder Fremdkörper** untersuchen. Eine Augenentzündung kann auch im Zusammenhang mit einer anderen Grunderkrankung auftreten. Das Tier deshalb insgesamt auf Krankheitszeichen eines **gestörten Allgemeinbefindens** wie etwa Apathie, Atemgeräusche untersuchen. Sollten die **Augenlider deutlich verdickt** sein, so handelt es sich meist nicht um eine Augenentzündung, sondern um einen Mangel an Vitamin A. Bei den genannten Fällen müssen diese Tiere einem **reptilienkundigen Therapeuten** vorgestellt werden.

Praxistipp
Sollte das Auge durch einen Häutungsrest entzündet sein, so empfiehlt sich das Auflegen einer mit Traumeel (Ampulle) getränkten Kompresse für mindestens 30 Minuten.

Bei allen Entzündungen der Augen, unterstützt die Heilung.	Euphrasia C30
Wenn das Auge geschwollen ist, bei allergischen Reaktionen.	Apis C30
Nach Operationen am Auge, fördert die Heilung.	Staphisagria C30
Augentropfen, wenn die Entzündung akut ist.	Euphrasia Augentropfen
Augentropfen, wenn die Entzündung chronisch ist oder häufig wiederkommt.	Oculoheel Augentropfen für Tiere

Praxistipp
Behandeln Sie das Tier immer sowohl innerlich mit Globuli als auch lokal mit Augentropfen. Sollte die Entzündung nach 3 Tagen nicht deutlich besser sein, bitte einen Fachmann aufsuchen.

Darmvorfall

Als Darmvorfall wird die Ausstülpung des Darmes bezeichnet. Durch falsche Ernährung, Entzündungen oder Parasitenbefall findet man als Symptom ein rotes und eventuell blutendes Gebilde an der Kloake. Häufig geschieht dies unmittelbar nach dem Kotabsatz.
Gerade Baumpythons zeigen dieses Problem sehr häufig und vor allem als Jungtier.
Ganz wichtig bei einem Darmvorfall ist der Zeitfaktor. Nur wenn der ausgestülpte Darm sofort erkannt wird, kann man versuchen, den Darm mittels eines feuchten Wattestäbchens wieder zurück zu massieren. Sollten bereits **dunkel verfärbte oder vertrocknete Areale** zu sehen sein, **muss sofort ein Tierarzt aufgesucht** werden. Auch bei häufigem Darmvorfall sollte das Tier von einem erfahrenen Reptilientierarzt behandelt werden, da dann gegebenenfalls der Darm operativ versorgt werden muss.

Wichtig
Da der ausgestülpte Darm sehr schnell austrocknet, ist es wichtig als Erste-Hilfe-Maßnahme den ausgestülpten Teil sofort zu befeuchten.

Erste Hilfe!	Kompresse getränkt mit Traumeel ad us. vet Ampulle auf den ausgestülpten Darm
Zur Vermeidung von Infektionen nach der Repositionierung des Darms.	Traumeel ad us. vet. Tabletten 1x täglich
Für den Weg zum Tierarzt.	Kalte, feuchte, mit Traumeel Ampulle getränkte Kompresse, damit der Darm nicht weiter austrocknet.
Gegen den Stress.	Bachblüten Notfallglobuli

Praxistipp
Das Risiko eines Darmvorfalls kann durch eine artgerechte Haltung und die regelmäßige Kotkontrolle auf Parasitenbefall deutlich gemindert werden.

Durchfall

Durchfall kann eine Vielzahl von Ursachen haben. **Wichtig für die Behandlung ist, dass Sie die Ursache kennen.** Als Auslöser für Durchfall kommen infrage: verdorbenes Futter, falsches Futter, Medikamente wie Antibiotika, Schmerzmittel oder Wurmmittel, Stress, Angst oder Würmer.

Wichtig
Dauert der Durchfall länger als drei Tage, verweigert das Tier jedes Futter und Wasser oder macht einen deutlich kranken Eindruck, sollten Sie sofort einen Tierarzt oder Tierheilpraktiker aufsuchen.

Bei Aufnahme von verdorbenem Futter. Bestes Mittel bei Vergiftungen durch Pestizide, Insektizide und Düngemittel.	Okoubaka C30
Bei häufigem Durchfall, hellbraune bis gelbliche Farbe.	Nux vomica C30
Bei Durchfall als Folge von Medikamenten wie Antibiotika oder Schmerzmittel.	Sulfur C30

Zusätzlich zur homöopathischen Therapie:

Bei gestörtem Allgemeinbefinden und zur Anregung der Futteraufnahme.	DarmReptin
Bei gestörter Darmflora, nach Medikamentengabe.	Bird Bene-Bac

Ektoparasiten

Ektoparasiten sind äußerliche Parasiten wie beispielsweise Milben oder Zecken. Hauptsächlich befallen ist die Kloakenregion. Terrarientiere können durch Einschleppung an einem Milbenbefall leiden. Neben der Behandlung ist ein Höchstmaß an Hygiene extrem wichtig.
Bei **starkem Befall** sollte auf jeden Fall ein geeigneter **Therapeut** aufgesucht werden.

Bei Hautauschlägen als Folge von Insektenstichen, Knötchen oder Schuppenbildung.	Ledum C30
Äußerlich zur Reinigung und Entfernung von Milben.	Milben-Ex
Bei Entzündungen oder gereizter Haut durch Parasiten.	Lebertransalbe oder Reptin Hautspray

Praxistipp

Neben der Behandlung des Tieres sollte auch immer daran gedacht werden, die Umgebung parasitenfrei zu bekommen. Es bringt nichts, ein Tier gegen Milben zu behandeln und dieses dann wieder in das befallene Terrarium zu setzen.

Endoparasiten

siehe: Parasitenbefall/Würmer

Häutungsprobleme

Bei optimaler Haltung und einem gesunden Tier wird man kaum mit Häutungsproblemen konfrontiert werden.
Als Therapie steht daher die Optimierung der Haltung im Vordergrund. Bei **auffallend häufigen Häutungen** oder **anhaltenden Häutungsproblemen** sollte das Tier unbedingt einem reptilienkundigen Therapeuten vorgestellt werden, da dann meist eine Stoffwechselstörung oder Erkrankung vorliegt.

Wichtig
Auch eine Überversorgung mit Vitaminen ruft Häutungsprobleme hervor!

Ursachen für Häutungsprobleme können sein:
- Schlechter Ernährungs- und Allgemeinzustand
- Zu trockene oder zu feuchte Haltung
- Zu niedrige Temperatur im Terrarium
- Ektoparasiten
- Stoffwechselerkrankungen
- Alte Verletzungen
- Vitamin-A- und Vitamin-C-Mangel
- Fehlende raue Einrichtungsgegenstände im Terrarium

Erste Hilfe bei Häutungsproblemen!	Warmes Bad mit ein paar Tropfen Aloe vera
Zur äußerlichen Behandlung der Haut bei Häutungsproblemen nach Verletzungen, als Häutungsunterstützung.	Pflegeöl von cdVet

Lungenentzündung

siehe: Atemwegserkrankungen

Maulfäule (Stomatitis ulcerosa)

Die Maulfäule ist eine bakterielle Entzündung der Mundschleimhaut, die häufig bei Schlangen auftritt. Die Entzündung wird meist durch physiologische (auch bei gesunden Tieren vorhandenen) Bakterien ausgelöst. Bei Stress, Haltungsfehlern, schlechter Hygiene, Mangelerscheinungen oder Verletzungen können sich die Bakterien so stark vermehren, dass es zur Entzündung der Mundschleimhaut kommt. Unbehandelt geht die Maulfäule häufig durch Einatmen des eitrigen Ausflusses in eine Lungenentzündung über.

Das Tier **muss** auf jeden Fall einem **Tierarzt** vorgestellt werden, da meist eine Behandlung mit Antibiotika unumgänglich ist.

Wichtig

Bei der Behandlung der Maulfäule steht die Optimierung der Haltung und Abstellen von Stressfaktoren an erster Stelle.

Als Begleittherapie:

Lokal zum Spülen der Mundschleimhaut.	Traumeel Ampullen
Zur Vermeidung von Stresszuständen.	Bachblüten Notfallglobuli
Zum Aufbau der Mundschleimhaut und Regeneration, bei langer und schwerer Erkrankung.	Kalium phosphoricum und Natrium chloratum als Schüßler Salze

Parasiten/Wurmbefall

Obwohl es inzwischen geeignete Untersuchungsverfahren und Behandlungsmöglichkeiten gibt, gehört der Befall mit Parasiten immer noch zu den häufigsten Todesursachen. Hier ist jeder Reptilienbesitzer in der Pflicht, seine Schützlinge regelmäßig auf Parasiten untersuchen zu lassen. Ideal ist es, einmal jährlich den Kot drei Tage zu sammeln und vom Therapeuten/Tierarzt ins Labor schicken zu lassen. Ganz wichtig ist eine genaue Analyse der Parasiten, da nicht alle geeigneten Medikamente bei allen Parasiten wirksam sind. Es ist absolut unsinnig und für die Tiere sicherlich nicht optimal, wenn pauschal ein x-beliebiges Präparat verabreicht wird ohne zu wissen, ob ein Befall vorliegt und falls ja, welche Parasiten es denn sind. Die naturheilkundliche Therapie bei Parasitenbefall hat hier ihren Schwerpunkt auf der Vorsorge und Nachbehandlung.

Wichtig

Ein gesundes Immunsystem und ein stabiles Darmmilieu lassen einen starken Befall mit Parasiten selten auftreten. Die Einhaltung einer peinlichen Hygiene ist ein Muss, um eine etwaige Parasitenbelastung nicht noch zu verstärken und einer Reinfektion vorzubeugen.
Wenn Sie mehrere Tiere halten, sollten Sie jeden Neuzugang sofort auf Parasiten untersuchen lassen und das Tier erst nach einem negativen Befund in Ihren Bestand setzen.

Zur Vorbeugung und Darmstabilisierung nach einer Entwurmung.	DarmReptin
Bei Jungtieren, zur Stärkung des Darmmilieus. Sowohl als Vorsorge als auch nach einer Entwurmung geeignet.	Calcium carbonicum als Schüßler Salz
Zur Sanierung des Darmmilieus nach Entwurmung, Durchfall nach Entwurmung.	Bird Bene-Bac

Abmagerung und Entwicklungsstörungen durch Parasiten, Sanierung des Darmmilieus.	Abrotanum D12
Unterstützend zur spezifischen Behandlung bei Kokzidien.	Nux vomica D30 2x täglich 5 Globuli
Bei Bandwurmbefall.	China logoplex

Praxistipp

In das Labor von Herrn Dr. Mutschmann in Berlin (Exomed – Kontaktdaten finden Sie unter „Nützliche Adressen“, Seite 90) können Sie die Kotproben auch selbst einsenden. Sie erhalten dann den Befund einschließlich eines Therapievorschlags per Post und können mit diesem zu Ihrem Therapeuten/Tierarzt gehen.

Rachitis

Eine Rachitis betrifft vor allem Tiere, die sich noch im Wachstum befinden. Ursache hier ist ein ausgeprägter Mangel an Vitamin A und Vitamin D durch falsche Ernährung und Haltungsfehler. Vor allem das Fehlen von ausreichend UV-Licht führt zu dieser schweren Erkrankung. Leider erkennen viele Halter die Zeichen einer Rachitis zu spät und so werden die Tiere erst in der Praxis vorgestellt, wenn die Knochen bereits geschädigt und die Tiere zunehmend inaktiv werden. Oft nehmen die Tiere keine Nahrung mehr zu sich, da der weiche Kiefer Beschwerden beim Fressen verursacht. Die Prognose in solchen Fällen ist leider nicht günstig. **Die Tiere sollten auf jeden Fall einem Fachmann vorgestellt werden**, damit eine Therapie erfolgen kann. Eine zusätzliche naturheilkundliche Therapie hat sich bestens bewährt und sollte begleitend durchgeführt werden. Vitamin- und Mineralstoffpräparate sollten unbedingt vom Fachmann verordnet werden, um eine Überdosierung zu vermeiden.

Wichtig

Um die Entstehung einer Rachitis zu vermeiden, muss auf ausreichend Beleuchtung und die richtige Ernährung geachtet werden.

Bei Knochen- und Mineralisationsschwäche – im Anfangsstadium einer Rachitis.	Phosphor-Homaccord oder Calcium phosphoricum als Schüßler Salz
Bei bereits erfolgten Knochenbrüchen zur Heilung.	Symphytum D12
Als Konstitutionsmittel zur Vorsorge und bei bestehender Kalkstoffwechselstörung.	Calcium carbonicum D30

Praxistipp

Gute Resultate bringt eine Therapie mit pulsierendem Magnetfeld, um den Zellstoffwechsel anzuregen und somit den Kalziumeinbau in den Knochen zu erreichen.

Verletzungen

Leider passiert es immer wieder, dass sich die Tiere kleinere Verletzungen zuziehen. Bei **Verbrennungen**, **schweren Verletzungen** und **Bissverletzungen** sollte das Tier umgehend zum **Tierarzt oder Therapeuten** gebracht werden.

Als Basisbehandlung, in flüssiger Form auch lokal zur Wundspülung.	Traumeel oral und lokal als Ampullen
Bei schlecht heilenden Wunden, Risswunden oder verschmutzten Wunden.	Calendula D12 3x täglich, Calenulasalbe äußerlich
Zur Unterstützung der Wundheilung.	Arnica D12, anfangs stündlich
Bei Gefahr einer Blutvergiftung, dunkle Verfärbung der Verletzung.	Lachesis compositum N ad us. vet. Ampullen

Zur Förderung der Wundheilung und Vernarbung.	Kalium chloratum äußerlich als Schüßler Salz Salbe
Bei Verbrennungen mit Blasenbildung.	Cantharis D30 und lokal äußerlich als verdünnte Urtinktur oder Umschlag
Bei Verbrennungen allgemein.	Causticum-Injeel S

Hausapotheke für Reptilien

Ob Verletzung, Häutungsproblem oder eine abgerissene Kralle – wer Reptilien zu Hause hat, weiß, wie schnell etwas passiert ist. In diesem Fall ist es sehr beruhigend und sinnvoll, wenn die wichtigsten Mittel und Utensilien zur Erstversorgung schnell griffbereit sind.

Basisausstattung Ihrer Hausapotheke:

- Handschuhe
- Schere
- Verbandmaterial
- Wichtige Telefonnummern wie Tierarzt und nächster Tierklinik

Darüber hinaus gehören bei Reptilienhaltern unten aufgeführte Dinge in die Hausapotheke:

Betaisadona Salbe äußerlich	Zur Wundversorgung als Jodersatz.
Bachblüten Notfallglobuli	Als Unterstützung bei allen Erkrankungen, bei Stresssituationen wie Paarung, Eiablage, Umzug oder Verletzungen.
Arnica D30	Bei allen Haut- und Knochenverletzungen, auch als Unterstützung während des Heilungsprozesses.
Okoubaka D30	Erste Hilfe, bis man beim Tierarzt angekommen ist, wenn versehentlich Giftpflanzen (die meisten Zimmerpflanzen sind giftig!) gefressen wurden. Falls das Tier verdorbenes Futter oder ungeeignetes Futter zu sich genommen hat.

Calendumed Gel	Erste Hilfe und unterstützende Behandlung bei Verbrennungen.
Euphrasia Augentropfen	Bei allen Augenverletzungen als Erste Hilfe, bei Bindehautentzündungen.
Traumeel Tabletten	Bei Entzündungen allgemein, bei Verletzungen, Stauchungen, Problemen des Bewegungsapparates.
Traumeel Ampullen	Bei Entzündungen und Verletzungen, allen traumatischen Erkrankungen, Häutungsproblemen, äußerlich oder wenn Tabletten nicht eingegeben werden können.
Nux vomica D30	Verdauungsprobleme, Durchfall und Erbrechen, Nahrungsmittelunverträglichkeit.

Homöopathische Mittel für Reptilien von A–Z

Die Höhe der Potenz des jeweiligen Mittels entnehmen Sie bitte aus den Symptombeschreibungen im vorderen Teil „Häufige Erkrankungen von A–Z“. Im Zweifel verabreichen Sie eine D24.

Abrotanum	Bei Verwurmung, wenn unverdaute Futterbestandteile im Kot sichtbar sind. Zur Sanierung des Darmmilieus nach einer Entwurmung.
Acidum nitricum	Magenschleimhautentzündung, Entzündung der Darmschleimhaut.
Aconitum	Akute Entzündungen, die plötzlich auftreten, verbunden mit großer Ängstlichkeit und Schreckhaftigkeit. Auch als Erstmittel bei Augenentzündungen.
Aloe	Durchfall mit aufgeblähtem Bauch, schleimigem Durchfall. Gutes Mittel nach langer Antibiotikagabe.
Alumina	„Senioren-Mittel“, für geschwächte alte Tiere mit Verstopfung und Neigung zu Entzündungen.
Ammonium jodatum	Begleitmittel bei Lungenentzündung, wenn viel zäher Schleim im Maul ist und die Tiere auch im Schlaf den Kopf hochlagern.

Apis	Bei Insektenstichen, Bindehautentzündung mit starker Schwellung, Ödeme. Tiere suchen kühle Stellen auf und wollen nicht in die Sonne.
Arnica	Nach Verletzungen, zur Unterstützung der Heilung. Vorbeugend vor Operationen und zur Nachbehandlung, äußerlich und innerlich.
Arsenicum album	Bei schwersten Erkrankungen mit Abmagerung und starker Erschöpfung als Folge von Vergiftungen durch Toxine, Medikamenten und vor allem verdorbener oder ungeeigneter Nahrung.
Arsenicum jodatum	Bei Schwäche nach Lungenentzündung.
Belladonna	Akute Entzündungen mit auffällig großem Durst. Bei allen sehr schmerzhaften Geschwülsten und Abszessen mit Rötung und starkem Anschwellen.
Berberis	Zur Unterstützung der Nierenfunktion nach Entzündungen der Nieren.
China	Als Folgemittel nach Erkrankung mit großer Schwäche und Flüssigkeitsmangel.

Calcium carbonicum	Als Konstitutionsmittel zur Vorsorge (Jungtieraufzucht), bei bestehender Kalkstoffwechselstörung (Rachitis). Nach der Entwurmung zur Vermeidung von zu schnellem erneuten Befall.
Calcium fluoratum	Abmagerung trotz Futteraufnahme, Muskelzucken, Knochenwachstumsstörungen beim Jungtier.
Calcium phosphoricum	Jungtiermittel. Zu schnell gewachsen, Muskelzittern, schlechtes Knochenwachstum, im Anfangsstadium der Rachitis.
Calendula	Bei schlecht heilenden Wunden, auch äußerlich anzuwenden.
Cantharis	Bei akuten Prozessen der Niere/Blase, blutiger Urin. Nach Verbrennungen mit Blasenbildung.
Carbo vegetabilis	Kollaps und Kreislaufschwäche. Oft nach Operationen angezeigt, wenn die Tiere zu schwach sind, um sich zu bewegen.
Caulophyllum	Natürliches Wehenmittel. Bei Weibchen, die bereits eine Legenot hatten zur Vorbeugung.
Causticum	Bei Lähmungserscheinungen, z. B. durch Gicht. Nach Verbrennungen.
China	Abmagerung nach schwerer Krankheit, sehr schwaches Tier, Blutarmut.

Cimicifuga	Bei Zuchtweibchen, die nicht aufnehmen oder immer wieder unbefruchtete Eier legen.
Colchicum	Gichtmittel, wenn Durchfall und Gelenkschmerzen vorhanden sind.
Conium maculatum	Bei Altersbeschwerden, die die Gliedmaßen betreffen, wie Schwäche und Zittern.
Crataegus	Bei Herzerkrankungen, Altersherz, Atemnot nach kleinster Bewegung. Unterstützt das Herz-Kreislauf-System.
Drosera	Unterstützend bei Lungenentzündung, wenn stark gewürgt wird, krampfartiges Würgen.
Echinacea	Bei bakteriellen Infektionen, zur Steigerung der Abwehr.
Euphrasia	DAS Mittel bei Augenentzündungen, innerlich und äußerlich anzuwenden.
Flor de piedra	Lebermittel, bei Leberstoffwechselstörungen, Fettleber.
Gelsemium	Bei viralen Infektionen, große Schwäche, wenn die Infektion schon lange besteht.
Hamamelis	Offene Wunden. Darmentzündungen mit Blutabgang.
Hepar sulfuris	Abszessmittel, wenn Abszesse nicht reifen. Alle eitrigen Abszesse, die nicht heilen wollen.

Hypericum	Als Schmerzmittel bei Erkrankungen des Bewegungsapparates.
Ignatia	Bei Tieren, die aus schlechter Haltung kommen und deshalb Nahrung verweigern. Wenn Tiere schlechte Zeiten hinter sich haben.
Ipecacuanha	Tiere würgen heftig (Nahrung oder Schleim aus den Atmungsorganen). Zur Unterstützung bei schweren Lungenentzündungen.
Kalium chloratum	Bei Maulfäule, wenn zusätzlich Durchfall vorhanden ist. Begleitmittel bei Nierenerkrankungen.
Lachesis	Nekrose. Bei infizierten Wunden, die nicht eitern. Bei Gefahr einer Blutvergiftung. Gutes Mittel nach Bissverletzungen im Schwanz-/Krallenbereich, wenn Verfärbungen sichtbar werden.
Ledum	Zur Vorbeugung vor Parasitenbefall. Für Schildkröten im Freiland als Schutz vor Ektoparasiten. Bei Nierengicht, wenn sich Harnkristalle bereits im Gewebe eingelagert haben. Hautausschläge als Folge von Insektenbefall.
Lycopodium	Bei chronischen oder immer wieder auftretenden Problemen der Nieren und der Leber. Verdauungsstörungen mit Verstopfungen und aufgeblähtem Bauch.

Magnesium carbonicum	Bei allgemeinen Verdauungsproblemen. Bei Magnesiummangel nach Antibiotikagabe oder Darmerkrankungen.
Mercurius solubilis	Bei Maulfäule, allen akuten und chronischen Entzündungen der Schleimhäute.
Myristica sebifera	„Homöopathisches Messer", bringt eitrige Prozesse zum Durchbruch. Macht bei Abszessen eine Operation oft überflüssig.
Natrium chloratum	Abmagerung trotz großem Appetit, Durchfall und Verstopfung möglich.
Nux vomica	Verdauungsstörungen mit Appetitlosigkeit, Durchfall, Erbrechen oder Verstopfung, nach Fütterungsfehlern. Wirkt entgiftend auf die Leber. Auch nach Nahrungsmittelunverträglichkeit.
Okoubaka	Nach Medikamenten, falschem Futter, Erkrankungen nach Aufnahme von Toxinen oder verdorbenem Futter, zur Entgiftung. Erste Hilfe nach Aufnahme von z. B. giftigen Pflanzen.
Phosphor	Bei allgemeinem Kräfteverfall und Blutungen. Wirkt auf den gesamten Stoffwechsel.
Propolis	Zur Steigerung der Abwehrfunktion. Bei immer wieder auftretenden Infektionen.

Podophyllum	Durchfall mit Prolaps des Darms, Darmvorfall.
Rhus toxicodendron	Bei Problemen im Bewegungsapparat durch Entzündungen.
Sepia	Bindegewebserkrankungen, Bindegewebsschwäche, Blutarmut.
Silicea	Das Mittel für schwache Jungtiere, Rachitis, unterentwickelte Tiere. Infektanfälligkeit wegen Mangelerscheinungen. Zur Austreibung von Fremdkörpern.
Solidago	Gichtmittel. Bei Stauungen im Nieren-Blasenbereich.
Staphysagria	Bei Schnittverletzungen, nach Operationen. Bei Riss- und Schnittverletzungen der Hornhaut.
Symphytum officinalis	Bei Knochenbrüchen, fördert die Kallusbildung.
Taraxacum	Leberstörungen nach falscher Ernährung, bei Fettleber.
Urtica	Gichtmittel. Bei Gicht mit Ödemen und Gelenkverdickungen.

Spezial Nierengicht

Die Nierengicht ist eine **Stoffwechselerkrankung**, die bei Vögeln und Reptilien auftritt. Bei Schildkröten, vor allem bei den *Testudo*-Arten, gilt diese Krankheit als eine der häufigsten Todesursachen. Die Bartagame wird dem Tierarzt oder Heilpraktiker ebenfalls extrem oft mit einer ausgeprägten Nierengicht vorgestellt, die auch bei ihr häufig tödlich endet.
Ursachen für die Nierengicht sind falsche **Ernährung**, zu kühle, zu **dunkle** und vor allem eine zu **trockene Haltung** mit dadurch verbundenem **Wassermangel**. Letzteres betrifft vor allem Schlangen, siehe hier auch Kapitel Haltung, Seiten 17 und 61.
Im Zusammenhang mit der Ernährung spielt vor allem das im Handel erhältliche Trockenfutter eine große Rolle, da dies einen deutlich **zu hohen Proteingehalt** aufweist. Aber auch eine generelle, zu eiweißreiche Ernährung führt zur Nierengicht (siehe ferner Kapitel Ernährung, Seiten 23 und 40).
Es sollte also das Ziel eines jeden Halters sein, eine Nierengicht bei seinen Reptilien erst gar nicht entstehen zu lassen. Dazu bedarf es schlicht und einfach nur einer guten Haltung sowie einer optimalen Ernährung.

Die **Symptome** der Nierengicht sind:

- Auffällig häufiges Trinken und Baden
- Die Augen sinken zunehmend tiefer in die Augenhöhlen
- Die Tiere fressen schlechter, sind auffallend ruhig
- Eventuell Nickhautvorfall (Schildkröten)
- Schwellungen an den Gelenken und Probleme beim Gehen, vor allem an den Hinterbeinen bis hin zur kompletten Lähmung
- Im fortgeschrittenen Stadium Ödembildungen an Gliedmaßen, Hals und Augen

Sind bereits Nierenprobleme vorhanden, muss neben der Haltungsoptimierung **unverzüglich** eine adäquate **Behandlung** erfolgen. Das Tier sollte auf jeden Fall immer einem kompetenten Fachmann vorgestellt werden, denn nicht behandelte Nierenfunktionsstörungen und Nierengicht führen meistens zum Tod.

Neben der schulmedizinischen hat sich die begleitende naturheilkundliche Therapie mit den folgenden Mitteln als erfolgreich erwiesen:

Bei bestehenden Ödemen oder Schwellungen.	Apis D30 1x täglich 5 Globuli
Zur Unterstützung der Nierenfunktion.	Solidago compositum ad us. vet. Ampullen. Je nach Größe des Tieres 5 Tropfen bis 1 ml täglich.
Nierengicht-Mischung	Mucosa compositum, Colchicum-Injeel, Traumeel ad us. vet. und Populus Similaplex. Je eine Ampulle mischen. Von dieser Mischung bei bestehenden Problemen täglich 5 Tropfen im Wechsel mit Solidago compositum.
Zur Verbeugung, wenn Tiere bereits falsch ernährt wurden.	Mischung aus Berberis-Homaccord + Cantharis compositum ad us. vet. + Coenzyme compositum ad us. vet. + Engystol ad us. vet. (alles Ampullen). 1x wöchentlich je nach Größe des Tieres 5–25 Tropfen auf 10 ml Trinkwasser geben.
Bei akuten Problemen.	Cantharis D12 täglich 5 Globuli
Bei bestehenden Bewegungsproblemen, blutiger oder verfärbter Urin und gestörtem Allgemeinbefinden.	Berberis D30 täglich 5 Globuli
Bei großer Schwäche und Ödemen, häufige Wasseraufnahmen.	Arsenicum album D30 oder Arsenicum album-Injeel, täglich 5 Globuli oder 1 ml der Ampulle.
Zur Unterstützung der Nierenfunktion.	Schüßler Salze Kalium phosphoricum und Natrium phosphoricum in D12 im Wechsel 1 Tablette täglich.

Praxistipp

Bei bestehenden Nierenproblemen reichern Sie das Futter mit RenoReptin von cdVet an. Bei Schildkröten und Echsen hat sich eine 4-wöchige Kur mit RenoReptin im Frühjahr und Herbst als Nieren-Prophylaxe sehr bewährt.

Spezial Legenot

Es dürfte wohl kaum einen Reptilienhalter geben, der sich noch nicht mit dem Thema Legenot auseinandergesetzt hat. Hiervon spricht man, wenn ein weibliches Reptil nicht in der Lage ist, seine Eier zu legen. Als Folge der zu lange im Körper verbliebenen Eier kann es ohne Behandlung zu schwersten Erkrankungen und meist zum Tod des Tieres kommen. Die **Ursachen** sind vielfältig, häufig spielen aber **haltungsbedingte Probleme** eine Rolle:

- Kein geeigneter Eiablageplatz vorhanden
- Unbefruchtete Eier, die miteinander verklebt sind (häufig, wenn einzelne Weibchen oder nur Weibchen gehalten werden)
- Zu schwaches oder krankes Tier
- Stress
- Wassermangel
- Falsche Temperatur und Luftfeuchtigkeit
- Mangelernährung
- Eier liegen quer im Beckenausgang

Zur **Abklärung**, ob eine Legenot besteht oder die Trächtigkeit noch normal verläuft, ist oftmals eine weiterführende Diagnostik wie **Ultraschall** oder **Röntgen** notwendig.

Folgende **Symptome** sind bei einer Legenot möglich:

- Schwäche und Teilnahmslosigkeit
- Andauerndes Pressen
- Atemnot
- Ausfluss aus der Kloake
- Vorfall der Kloake

Wichtig

Ein trächtiges Weibchen, das die hier aufgeführten Symptome zeigt, ist ein **Notfall** (Tierarzt!). Meist ist eine **chirurgische Behandlung** erforderlich, bei der die Eier aus dem Eileiter entfernt werden.

Solange es dem Tier körperlich gut geht, kann man eine konventionelle Therapie durchführen. Wichtig ist es, einen geeigneten **Eiablageplatz** anzubieten und die **Haltung** zu **optimieren**. Da viele Arten vor der Eiablage keine Nahrung mehr aufnehmen, muss die notwendige **Flüssigkeit** unbedingt

gezielt eingegeben werden. Manchmal legen die Weibchen ihre Eier spontan ab, nachdem sie mit ausreichend Flüssigkeit versorgt wurden.
Eines der größten Probleme stellen allerdings die Weibchen dar, die nach einer unvollständigen Eiablage völlig **symptomlos** zur Tagesordnung übergehen. Hier muss, sobald sich doch Symptome zeigen, das Tier sofort in ärztliche Hände verbracht werden.

Zur Vermeidung einer Legenot, zur Unterstützung der gesamten Trächtigkeit und zu einer Behandlung im Anfangsstadium und haben sich folgende naturheilkundliche Mittel als erfolgreich erwiesen:

Prophylaxe, vor allem bei jungen Weibchen.	Eine Mischung aus Pulsatilla-Injeel Ampullen und Mucosa compositum Ampullen. 1x täglich je nach Größe des Tieres 5–25 Tropfen.
Notfallmaßnahme.	Pulsatilla-Injeel forte Ampulle + Gelsemium-Homaccord Ampulle + Chamomilla-Injeel forte Ampulle. Mischung erstellen und alle 30 Minuten 5 Tropfen eingeben.
Als Unterstützung, gegen den Stress.	Bachblüten Notfallglobuli
Vorbeugung und Stärkung vor der Geburt.	Schüßler Salze Calcium fluoratum und Calcium phosphoricum D12
Zur Unterstützung der Wehentätigkeit.	Schüßler Salze Magnesium phosphoricum D12
Während der Eiablage bei sichtbarer Wehenschwäche. Und bitte nur dann, da eine Störung während der Eiablage auch zu einer Legenot führen kann.	Caulophyllum thalictroides D6. 5 Globuli in etwas Wasser auflösen und ohne Zwang ins Maul träufeln.
Vor und nach der Eiablage zur Stärkung des Immunsystems.	Jeweils 1 Tablette Traumeel und 1 Tablette Engystol in Wasser aufgelöst verabreichen.

Service

Nützliche Adressen

Exomed
Dres. Mutschmann & Dr. Seybold GbR
Erich Kurz Straße 7
10319 Berlin
www.exomed.de
Institut für veterinärmedizinische Betreuung niederer Wirbeltiere und Exoten.
Anforderungsschein und Informationen zur Einsendung einer Kotprobe finden Sie auf der Homepage.

DGHT
Deutsche Gesellschaft für Herpetologie und Terrarienkunde e. V.
Postfach 1421
53351 Rheinbach
www.dght.de
Der DGHT ist die weltweit größte Organisation der Fachgebiete Herpetologie und Terrarienkunde. Neben zahlreichen Fachzeitschriften findet man auf deren Internetseite auch Adressen von reptilienkundigen Tierärzten, sortiert nach Postleitzahl.

Bezugsquellen

Altbrecht GmbH
Hauptstr. 6–8
88326 Aulendorf
www.albrecht-vet.de
Bird Bene-Bac; nur über den Tierarzt oder über veterinärmedizinische Onlineshops zu beziehen.

Biologische Heilmittel Heel GmbH
Dr.-Reckeweg-Straße 2–4
76532 Baden-Baden
www.heel.de

Hersteller von Komplexmitteln, viele Medikamente auch speziell für Tiere, wie etwa:
Arsenicum album-Injeel, Berberis-Homaccord, Cantharis compositum, Causticum-Injeel S, Coenzyme compositum, Coenzyme compositum, Coenzyme compositum Ampullen, Colchicum-Injeel, Echinacea compositum, Engystol, Lachesis compositum, Mucosa compositum, Oculoheel Augentropfen für Tiere, Phosphor-Homaccord, Solidago compositum, Traumeel, Ubichinon compositum

Canina® pharma GmbH
Kleinbahnstr.12
59069 Hamm
www.canina.de
Petvital Bachblüten, Schüßler Salze, Petvital Bio-Insect-Shocker

cdVet Naturprodukte GmbH
Industriestr. 11–13
49584 Fürstenau
www.cdvet.de
Bronchial Reptin, DarmReptin, Milben-Ex, Pflegeöl, Wund-Ex forte

Deutsche Homöopathie-Union
Ottostr. 24
76227 Karlsruhe
www.dhu.de
Globuli und Salben (auch Calendumed Gel)

Pascoe pharmazeutische Präparate GmbH
Schiffenberger Weg 55
35394 Giessen
www.Pascoe.de
Popolus similaplex

WALA Heilmittel GmbH
Dorfstraße 1
73087 Bad Boll
www.wala.de
Globuli

Ziegler Arzneimittel
Franz Ziegler GmbH
Ötzer Straße 10
86672 Thierhaupten
www.ziegler-tierarznei.de
Globuli und Komplexmittel, China logoplex Tropfen

Taschenapotheken erhalten Sie über Apotheken oder im Internet.

Zum Weiterlesen

Ackermann, L.: Atlas der Reptilienkrankheiten. Bede Verlag, Ruhmannsfelden, 2000
Bugs International, Georg Reitmaier: Futtertierzucht, Nährwerte Futterinsekten, www.bugs-international.com, 2008
Day, Christopher: Homöopathie in der Kleintierpraxis: Grundlagen und Praxis. Sonntag Verlag, Stuttgart, 2004
DGHT e. V.: Mindestanforderungen an die Haltung von Reptilien, 1997
Eggenschwiler, Ursula: Die Schildkröte in der tierärztlichen Praxis. Schöneck Verlag, Siblingen, 2000
Friederich, Ursula/Volland, Werner: Futtertierzucht. Lebendfutter für Vivarientiere Datz-Terrarienbücher. Verlag Eugen Ulmer, Stuttgart, 2005
Jarofke, Dietmar/Lange, Jürgen: Reptilien Krankheiten und Haltung. Verlag Paul Parey, 1993, vergriffen
Köhler, Günther: Krankheiten der Amphibien und Reptilien. Verlag Eugen Ulmer, Stuttgart, 1996, vergriffen
Millemann, J.: Materia medica der homöopathischen Veterinärmedizin, Sonntag Verlag, Stuttgart, 2005
Quast, Carolin: Symptomenverzeichnis zur Schüßler-Salz-Therapie für Tiere. Natura Med Verlagsgesellschaft mbH, Neckarsulm, 2006
Reinhart, Erich/Löw, Gunther: Kommentiertes Symptomenverzeichnis der Biologischen Tiermedizin. Aurelia-Verlag, Baden-Baden, 2003

Register

Abmagerung 22
- Schildkröten 27
- Echsen 45
- Schlangen 64
Abszess
- Schildkröten 28
- Echsen 46
- Schlangen 65
Agame 40
Ähnlichkeitsprinzip 6
Aktivtemperatur 44
Akupunktur 5
Alkohol 8, 12, 27, 44, 64
Alternative Therapien 5
Antibiotikagabe 8, 29, 47, 66
Appetit 19
Artgerechte Unterbringung 17, 23, 40, 49, 61, 68
Arzneimittelbild 6
Atemwegserkrankungen 19
- Schildkröten 29
- Echsen 46
- Schlangen 66
Aufzucht Jungtiere 12, 24
Augenentzündung
- Schildkröten 29
- Echsen 47
- Schlangen 67
Bad 20, 21, 24, 63, 86
Bartagame 20, 21, 52, 55, 86
Beleuchtung 17, 19, 20, 23, 37, 40, 58, 61, 74
Beleuchtungsdauer 21
Bewegung 23, 25, 42, 61
Bewegungsapparat 12; 42
Boa 11, 61, 66
Bodengrund 17, 50
Chamäleon 9, 40, 42, 52
Charakterzustand 7
Chronische Erkrankungen 6, 12, 27, 44, 64
Darmflora 24, 27, 45, 65
Darmvorfall
- Echsen 48
- Schlangen 68
Deformationen 23, 41
DGHT 17, 18
Dosierung 26
Durchfall
- Schildkröten 24, 30
- Echsen 49
- Schlangen 69
Echse 7, 16, 19, 40, 87
Eierlegend 40
Einzelmittel 6, 15, 16
Einzelmittelsuche 6
Ektoparasiten
- Schildkröten 30
- Echsen 50
- Schlangen 70
Endoparasiten
- Schildkröten 32
- Echsen 51
- Schlangen 70
Entwurmung 18, 20, 36, 57, 73
Ernährung 23, 40, 62, 86, 88
Erstreaktion 7
Erstverschlimmerung 15
Fettreserven 21
Fluchtreflex 43, 63
Flüssigkeitsmangel 40
Freilandhaltung 23
Fressgewohnheiten 25
Frostfutter 62
Futterspezialisten 40
Gecko 40, 51
Gemütssymptome 6
Gesundheitscheck 20, 26
Gewicht 19, 20, 21, 42, 61
Grüner Leguan 55
Häutungsprobleme
- Schildkröten 32
- Echsen 51
- Schlangen 71
Haltungsanforderungen 17, 23, 86, 88
Insekten 17, 18, 21, 24, 40, 42, 55
Knochendeformation 23, 41
Knochenerweichung 23, 37, 58, 74
Komplexmittel 6, 16
Kompressen 16

Kotprobe 17, 21, 26, 37, 58, 74
Krankheitssymptome 6
Kurreaktion 15
Landschildkröte 23, 25, 34
Lebendfütterung 62
Legenot 88
- Schildkröten 33
- Echsen 52
Luftfeuchtigkeit 19, 61, 88
Lungenentzündung 22
- Schildkröten 29, 34
- Echsen 46, 54
- Schlangen 66, 71
Magensonde 26
Magnetfeldtherapie 5, 38, 59, 75
Mangelkrankheit 43
Maulfäule
- Echsen 43, 54
- Schlangen 63, 72
Medikamentengabe 27, 44, 63, 64
Meldepflicht 18
Mindestanforderungen 17
Mineralsalze 12
Mittelwahl 16
Modalitäten 6
Muskulatur 5
Nahrungssuche 25
Nährwert 41
Natter 61
Nierenprobleme 12, 86
- Schildkröten 34
- Echsen 43, 55
Notfalltropfen 7
Ovipar 40
Paarung 20, 21
Paarungszeit 20
Parasiten/Wurmbefall 17, 20, 21
- Schildkröten 36
- Echsen 57
- Schlangen 73
Pinzette, Fütterung 42, 43
Proteingehalt 23, 34, 41, 55, 86
Python 61, 66, 68
Rachitis 19
- Schildkröten 36
- Echsen 43, 58
- Schlangen 74
Repertorisation 6
Reptilienmedizin 5
Ruhephase 5
Schildkröte 7, 16, 19, 20, 23, 86
Schlange 5, 7, 16, 20, 43, 61, 86
Schlangen-Aids 66
Schulmedizin 5, 86
Seelenzustand 7
Selbstheilungskräfte 5
Sepiaschale 24, 41
Skelettsystem 41
Stoffwechsel 5, 19, 32, 50, 71
Stress 7, 44, 54, 61, 72, 88
Sumpfschildkröte 24, 26
Symptome 6
Taschenapotheke 15
Temperatur 19, 20, 21, 40, 44, 61, 88
Terrarieneinrichtung 17
Trächtigkeit 20, 88
Trinkgefäß 24
Trinkwasser 63
Tropfwasser 41
Umschlag 16
UV-Licht 19, 37, 58, 74
UV-Messgerät 19
Vegetarier 40, 41
Verdauung 5, 19, 41, 42
Verfettung 25, 42, 62
Verhältnis Kalzium/Phosphor 41
Verletzungen
- Schildkröten 38
- Echsen 59
- Schlangen 74
Vitamin D 23, 37, 58, 74
Vitaminpräparat 23, 32, 39, 51, 58, 62, 71, 74
Vorsorge 17
Wachstumsstörungen 24
Wärme 19, 20, 21, 47
Wasserbedarf 40, 86
Wasserschildkröte 24
Wechselwarm 5, 16, 40
Winterruhe 19, 21
Winterschlaf 19, 20, 26

In diesem Buch sind die Namen von Medikamenten, die zugleich eingetragene Warenzeichen sind, als solche nicht besonders kenntlich gemacht. Es kann also aus der Bezeichnung der Ware mit dem für diese eingetragenen Warenzeichen nicht geschlossen werden, dass die Bezeichnung ein freier Warenname ist.
Die Markennamen wurden nur beispielhaft aufgeführt. Hinsichtlich der in diesem Buch angegebenen Dosierungen von Medikamenten usw. wurde die größtmögliche Sorgfalt beachtet. Gleichwohl werden die Leser aufgefordert, die entsprechenden Beipackzettel der Hersteller zur Kontrolle heranzuziehen.
Die beispielhafte Auflistung von Medikamenten bzw. Wirkstoffen ist kein Beweis dafür, dass diese in Deutschland zugelassen sind. Der behandelnde Tierarzt ist aufgefordert, die jeweilige (Zulassungs-)Situation zu überprüfen.
Die in diesem Buch enthaltenen Empfehlungen und Angaben sind von der Autorin mit größter Sorgfalt zusammengestellt und geprüft worden. Eine Garantie für die Richtigkeit der Angaben kann aber nicht gegeben werden. Autorin und Verlag übernehmen keinerlei Haftung für Schäden und Unfälle.
Der Verlag Eugen Ulmer ist nicht verantwortlich für die Inhalte der im Buch genannten Links.

Titelfoto: istockphoto / Magdalena Bujak

Bibliografische Information der Deutschen Nationalbibliothek
Die Deutsche Nationalbibliothek verzeichnet diese Publikation in der Deutschen Nationalbibliografie; detaillierte bibliografische Daten sind im Internet über http://dnb.d-nb.de abrufbar.

Das Werk einschließlich aller seiner Teile ist urheberrechtlich geschützt. Jede Verwertung außerhalb der engen Grenzen des Urheberrechtsgesetzes ist ohne Zustimmung des Verlages unzulässig und strafbar. Das gilt insbesondere für Vervielfältigungen, Übersetzungen, Mikroverfilmungen und die Einspeicherung und Verarbeitung in elektronischen Systemen.

© 2010 Eugen Ulmer KG
Wollgrasweg 41, 70599 Stuttgart (Hohenheim)
E-Mail: info@ulmer.de
Internet: www.ulmer.de
Lektorat: Gabi Franz, Dr. Eva-Maria Götz
Herstellung: Ulla Stammel
Umschlagentwurf: Freiraum K, Karen Neumeister, Stuttgart
Satz: DOPPELPUNKT, Stuttgart
Druck und Bindung: Freiburger Graphische Betriebe, Freiburg
Printed in Germany

ISBN 978-3-8001-5798-3

Optimale Haltung und Fütterung von Reptilien

- **umfassendes** Handbuch zur Reptilienfütterung
- **anerkannter,** fachlich höchst **kompetenter** Autor
- **praxisbezogen** und **erprobt**

Reptilien richtig füttern.

F. Frye. 2003. 127 S., geb.

ISBN 978-3-8001-3901-9.

- mit vielen **Farbfotos**
- **detaillierte** Porträts geeigneter Tierarten
- **aktuell** und **praxisbezogen**
- **umfassend**

Grundkurs Terraristik.

A. Falk. 2., korrigierte Aufl. 2005.

128 S., 84 Farbf., 10 Zeichn., geb.

ISBN 978-3-8001-4785-4.

Ulmer **www.ulmer.de**